“十三五”国家重点图书

Springer 精选翻译图书

分子通信与纳米网络：基础理论与应用

Molecular Communications and Nanonetworks: From Nature to Practical Systems

[土耳其] Barış Atakan　著

韩帅　孟维晓　彭木根　译

哈爾濱工業大學出版社

HARBIN INSTITUTE OF TECHNOLOGY PRESS

内 容 简 介

本书从通信理论的角度介绍分子通信和纳米网络的原理和技术，主要探讨发射纳米机器(TN)和接收纳米机器(RN)两个节点的分子通信。根据信息分子如何被引导和传输至接收纳米机器，发射纳米机器和接收纳米机器之间的分子通信分为两种类型：第一种类型称为被动分子通信(PMC)，第二种类型称为主动分子通信(AMC)。在被动分子通信中，分子从发射纳米机器被动扩散至接收纳米机器，不需要一个中间系统来引导和传输分子。在主动分子通信中，当分子被发射纳米机器发出后，需要一个中间系统来引导并传输至接收纳米机器。

本书可作为高等院校信息、通信、化学和生物学等学科的本科生和研究生教材，也可作为相关行业工程师和研究人员的参考书。

黑版贸审字 08－2017－061 号

Translation from English language edition:

Molecular Communications and Nanonetworks: *From Nature To Practical Systems*

by Barış Atakan

图书在版编目(CIP)数据

分子通信与纳米网络：基础理论与应用/(土)巴里斯·阿塔坎(Barış Atakan)著；韩帅，孟维晓，彭木根译. —哈尔滨：哈尔滨工业大学出版社，2018.4

ISBN 978-7-5603-6567-1

Ⅰ.①分… Ⅱ.①巴… ②韩… ③孟… ④彭… Ⅲ.①通信网-研究 Ⅳ.①TN915

中国版本图书馆 CIP 数据核字(2017)第 062767 号

电子与通信工程
图书工作室

策划编辑　许雅莹　杨　桦　张秀华

责任编辑　李长波　庞　雪

封面设计　高永利

出版发行　哈尔滨工业大学出版社

社　　址　哈尔滨市南岗区复华四道街 10 号　邮编 150006

传　　真　0451-86414749

网　　址　http://hitpress.hit.edu.cn

印　　刷　哈尔滨市石桥印务有限公司

开　　本　660mm×980mm　1/16　印张 12　字数 210 千字

版　　次　2018 年 4 月第 1 版　2018 年 4 月第 1 次印刷

书　　号　ISBN 978-7-5603-6567-1

定　　价　40.00 元

译者序

分子通信与纳米网络是电子与通信领域的一个重要新兴研究领域，同时也是与医学和生命科学密切交叉的学科方向。本书是本领域国内首部译著。

基于分子通信的纳米网络在生物医学、工业和环境等诸多领域具有广阔的应用前景。例如，在生物医学领域，由于在组件体积、生物兼容性和生物稳定性等方面具有突出的优点，因此基于分子通信的纳米网络能够为医学领域提供低侵入性的微创医疗技术；在农业环境领域，生物启发的纳米网络可以解决许多目前技术无法解决的环境问题，如生物降解、生物多样性控制和空气污染监控等；尤其在军事领域，基于分子通信的纳米网络能够被应用于核生化(NBC)的监测与防御，或被应用于设计与制造先进的伪装设备和军用服装装备(如自调节温度或检测士兵伤情)等用途。

本书的出版将补齐黑龙江省甚至是我国在分子通信与纳米网络领域相关书籍缺少的短板。紧跟国际学术和科学前沿领域，抓住分子通信与纳米网络发展的契机，以期在产业升级的浪潮中，以精准的科研方向和新科学技术助力经济的发展。

《分子通信与纳米网络：基础理论与应用》这本书中文版能够出版，还要追溯到2010年底。当时，译者一边准备着博士毕业答辩，一边还在准备一个科研项目的结题验收。另外，虽然已经做好心理准备将来留在哈尔滨工业大学(简称“哈工大”)继续从事科研和教学工作，但是对于自己能否胜任并成为一名合格的高校教师，还是比较忐忑。幸运的是，孟维晓教授一直鼓励我、鞭策我，使我能够不断前行。就在此时，孟教授把国际知名的 Hsiao－Hwa Chen 教授请到哈工大，与电子与信息工程学院(简称“电信院”)的师生进行交流。受 Hsiao－Hwa Chen 教授的启发，我跳出了一个博士生的思维。当我开始以一名从事教育的科研人员的角度思考时，真真切切地感受到需要开辟思路，要敢于探索甚至引领一个未知的方向，这是我下决心翻译本书的起因。

2011 年,我以一名在职教师的身份,前往加拿大纽芬兰纪念大学进行博士后研修,与 Cheng Li 教授、Hsiao-Hwa Chen 教授以及其他国际学者有了更深层次的沟通。期间,了解到美国佐治亚理工学院 Ian F. Akyildiz 教授正在进行分子通信的研究,这是我首次真正地注意到分子通信。恰巧,2012 年受哈工大国际合作与交流基金的资助,经 Hsiao-Hwa Chen 教授的引荐,孟维晓教授邀请 Ian F. Akyildiz 教授到哈工大访问。虽然,我因为身在加拿大无法在现场聆听讲座,但是通过网络了解了讲座相关的情况。2013 年初,我完成了博士后的工作回到哈工大,心中依然想是否可以让分子通信为更多人所了解。2014 年,终于见到此书出版,于是机缘已到,遂完成此愿。

本书的翻译能够顺利完成,首先要感谢为此付出时间和经历的团队成员,包括张宇、岳晋、刘霞靓、邓雪菲、张毅、李殊勋、周永康、黄毅腾、高辞源等同学。特别感谢电信院通信所沙学军教授和哈工大科学技术研究院王晓红教授对分子通信方向的关注和支持。另外,对学院和通信所各位领导和同事的鼓励一并表示感谢。最后,之所以能有时间和精力完成翻译工作,是由于我的父母、妻子和岳母帮扶我分担了家里本应由我来操持的繁重家务,庆幸有你们的理解和支持。

译　者

丁酉年正月初二

于哈工大科学园

前　言

分子通信是地球上最古老和最普遍的通信机制之一。它是包括单细胞生物体、多细胞的动物和植物在内的所有生物体为了保持其重要的生命功能所必需的机制。例如，许多细菌会响应其邻近细菌分泌的信号分子，这个过程被称为群体感应，使得细菌能够调节自己的行为，包括蠕动、抗生素的产生、孢子形成和性接合。信号分子(如信息素)被广泛应用在大量动物种群中，从昆虫到灵长类动物都使用它来传输和接收信息以完成许多行为功能。例如，信息素可以由个体释放来指导其他个体去合适的食物地点或通知他人捕食者的存在，或其他各种行为的功能。此外，细胞使用信号分子来通信以构成多细胞生物体(如人类)。例如，在神经系统中，电脉冲(即动作电位)和神经递质(如信号转导分子)被神经元细胞一起使用来与靶细胞进行通信。在内分泌系统中，内分泌细胞释放激素分子(即信号分子)到血液中与远处的靶细胞进行通信。此外，间隙连接通道使相邻细胞利用细胞内的小信号分子(如钙)进行通信，并且这种细胞间隙通道通信能调节许多细胞活动。

除了自然界中这些迷人的分子通信机制，近年来在纳米和生物技术领域的研究揭示了分子通信将成为微小仿生机器或众所周知的纳米机器(如工程细胞和生物纳米机器人)等领域中一种很有前途的方案。这些纳米机器之间的互联(即纳米网络)有望应用在复杂的医疗、工业和环境中。在这些应用中，纳米机器之间的分子通信可以保证可靠性和可控性。更为重要的是，分子通信能够协调不同的纳米机器种类，以实现高复杂度的行为，增加设计的可实现性。例如，一组不进行通信的工程细胞相互之间是异步的，不能合作完成一个预定的任务。通信的工程细胞可以克服异步行为问题和协调细胞群体来完成工程中的应用。此外，分子通信也可能应用于复杂的应用程序，以有效地收集和输入关联感觉进而做出决策。

本书从通信理论的角度介绍了分子通信和纳米网络的概念，主要探讨发射纳米机器(TN)和接收纳米机器(RN)两个节点间的分子通信。根据信息分子如何被引导和传输至接收纳米机器，发射纳米机器和接收纳米机器之间的分子通信可以分为两种主要类型：第一种类型称为被动分子通信(PMC)，第二种类型称为主动分子通信(AMC)。

在被动分子通信中,分子从发射纳米机器自由扩散至接收纳米机器,不需要一个中间系统来引导和传输分子。根据接收纳米机器接收信息分子的方式,PMC 分为两种类型:使用吸收剂的 PMC 和使用配体一受体结合方式的 PMC。在使用吸收剂的 PMC 中,接收纳米机器被假定为一个吸收者,能够吸收在任何时刻到达其表面的分子。在配体一受体结合方式的 PMC 中,接收纳米机器假定有表面受体来通过配体一受体结合机制,以接收在其附近的分子。

在主动分子通信中,当分子被发射纳米机器发出后,需要一个中间系统来引导、传输至接收纳米机器。在 AMC 方式中,主要有 4 种不同的中间系统。在第一种系统中,使用分子马达携带分子在发射纳米机器和接收纳米机器之间传输。在第二种系统中,假定发射纳米机器和接收纳米机器是相联系的,两者之间的间隙连接通道引导分子的扩散。在第三种系统中,信息分子在发射纳米机器中被注入运动的细菌中,然后承载分子的细菌按照接收纳米机器发出的引导分子向接收纳米机器运动。如果细菌到达接收纳米机器,信息分子便由接收纳米机器接收。在第四种系统中,发射纳米机器和接收纳米机器被假定为运动的。信息分子附着在接收纳米机器的表面上,每当发射纳米机器和接收纳米机器发生碰撞时,信息分子与接收纳米机器表面上的受体相互作用来传递承载的信息。关于 PMC 和 AMC 的具体原理,在本书中会进行详细介绍。

本书第 1 章介绍分子通信和纳米网络的相关概念。现有的和假想的纳米机器、纳米机器人和基因工程机器第一次被讨论。然后,对分子通信范例(包括自然产生的分子通信机制)进行分类和简要介绍。

第 2 章介绍使用吸收剂方式的被动分子通信。在本章中,接收纳米机器被假设为一个吸收器。在发射纳米机器的分子发射过程被讨论后,通过假定随机漫步和扩散现象中的细节,对发射分子的扩散进行了详细的阐述。然后,通过接收纳米机器导出的接收速率和浓度检测、梯度感知技术对接收纳米机器的分子接收过程进行详细讨论。通过结合发射、扩散和接收的数学模型,介绍 PMC 方式下的统一模型。最后,对采用吸收剂的 PMC 方式下设计的分子通信理论和技术进行介绍。

第 3 章分析了配体一受体结合方式的 PMC 方式。在本章中,接收纳米机器被假定在其表面存在表面受体,通过配体一受体结合机制来接收附近的分子。配体一受体结合的确定性和概率性模型被首次提出。然后,讨论了基因调控网络中的 PMC,并提出了结合分子扩散和配体一受体结合的统一模型。结合浓度和梯度检测的配体—受体结合精度也被详细讨论。最后，本章给出了配体—受体结合模式下的PMC通信理论和技术。

第4章讨论了4种中间系统的AMC方式。首先，通过讨论在活细胞中进行货物运输的马达蛋白的物理特性，提出了使用分子马达的AMC方式。然后，通过讨论间隙连接通道的交互信号，介绍使用间隙连接通道的AMC方式。其次，讨论了细菌的游动行为和使用运动细菌的AMC的相关概念。最后，基于接触依赖的细胞间信号，提出了移动纳米机器中的AMC方式。

致谢

我要感谢我的妻子和儿子，因为他们给了我很大的激励。我深深感激我的妻子和她无尽的爱。我也要衷心地感谢我的父母、岳母岳父以及兄弟姐妹所给予我的无数支持。

巴里斯·阿塔坎
于土耳其伊兹密尔

目　　录

第1章　纳米机器间的分子通信

本章首先介绍分子通信和纳米网络的概念[1]。在简要回顾了现有的和未来的纳米机器、纳米机器人和基因工程机器之后，本章描述了为什么这些机器需要通信和互连来组成先进的纳米和生物技术应用中的纳米网络。然后，介绍了可被用于设计纳米网络的分子通信模式（包括自然界中的分子通信机制）。这些分子的通信模式主要分为两种类型，即被动分子通信（PMC）和主动分子通信（AMC）。最后，给出了本书介绍的 PMC 和 AMC 的组织结构。

1.1　纳米机器、纳米机器人和基因工程机器

本节首先介绍纳米机器和分子机器的概念。然后，讨论纳米机器人和基因工程机器。本节的目标在于提供一个对纳米机器的概述，并强调为什么纳米机器需要通信和相互合作才得以实现复杂的系统和应用。

1.1.1　纳米机器和分子机器

设备或机器可以定义为用于实现特定功能组件的一种组合，对有用设备的设计和建造是科技的主要精髓所在。尺寸是一个设备最与众不同的特点之一。毫无疑问，在 1959 年富有远见的物理学家理查德·费恩曼于加州理工学院发表讲话后，对于设备大小的展望就发生了根本性的改变，费恩曼认为“底层有着充足的空间”。他创造了一个尺寸小于 1/64 in（英寸，1 in＝2.54 cm）的设备，并表明设备的小型化不仅仅是降低尺寸，同时也开启了通向新技术的道路。其中最为突出的技术之一就是现在的纳米技术[2,3]。

在 19 世纪 80 年代中期，费恩曼的远见促进了微机电系统（MEMS）的发展，由此发展的微电机体积的数量级甚至小于费恩曼所预见的，大量出色的产品因此被生产出来，如由数百万电驱动微型镜所组成的数字投影仪和具有微动传感器的安全气囊。伴随着微机电系统的发展，人们发明了扫描隧道显微

镜(STM)和更广义的扫描探针显微镜(SPM)以及更高分辨率的SPM,即原子力显微镜(AFM)。这些使得对单个分子、原子和化学键的工程操作成为可能。事实上,这些发明被视为对纳米技术最大的推动。

在上述发明和发展的基础上,微机电系统的进一步小型化最终推动了纳米机电系统(NEMS)的产生,它们被称为是最小的机器、传感器和计算机的世界[3,4]。NEMS有望显著地影响许多技术和科学领域,并最终取代MEMS。事实上,第一个大规模集成(VLSI)的NEMS设备已经被来自IBM的研究学者所研制[5]。此外,2007年的国际半导体技术蓝图(ITRS)吸纳了NEMS存储作为设备新兴研究中的一部分。

NEMS技术的发展也促进了纳米机器和分子机器术语的产生[6]。纳米机器和分子机器的概念非常接近,在相关文献中可以找到不同的替代定义。纳米机器可以被定义为依赖纳米级部件的人工装置,分子机器可以定义为使用纳米级组件和分子结构来执行有用功能的装置[7]。由于纳米机器和分子机器间在概念上的相似性,因此本章中纳米机器和分子机器的术语可以交换使用来形容这种机器。

两种研究这些装置构造和小型化的方法,有自上而下法和自下而上法。自上而下法使用传统的微细加工的方法,通过使用光学和电子束光刻等合适的技术逐步操作越来越细小的部件。然而,由于摩尔定律预测芯片的50 nm特征尺寸,目前尚不清楚是否可以通过使用自上向下的方法来制造更小的系统。此外,自上向下的方法随着纳米计算机部件更接近纳米尺度,会有成本急剧提高的限制。另一方面,自下而上的方法在构造先进的纳米机器时,遵循着一个更为吸引人的策略:自下而上的方法意味着从尺寸、形状、表面结构和化学功能,是在纳米尺寸模块的自组装上完成[2,3]。

事实上,考虑到自然产生的纳米机器通过难以置信的自组装过程构造,可以看出自下而上的方法比自上而下的方法有许多优势。例如,在植物细胞中的叶绿体是一种纳米机器,它包含用于吸收和转化太阳能的分子阵列作为光学调谐天线。线粒体可以被设想为控制有机分子氧化以产生三磷酸腺苷(ATP)的纳米机器,并为细胞活动提供能量。附着在许多细菌膜上的鞭毛马达是一种用于提供细胞运动的高度结构化的蛋白质的组合[8]。此外,生物分子马达和机器是自然界中最典型的纳米机器,它们在细胞质和细胞运输中负责生物化学物质的制造和传输[3]。这些纳米机器通常被称为自然制造的生物纳米机器。

从自然制造的生物纳米机器中得到启发，进而制造新的人工生物纳米机器和纳米材料。例如，受细菌旋转鞭毛马达的启发，一种混合的生物纳米化学装置从ATP的合成和镍推进器中组装出来[9]。此外，一些基于蛋白质并依赖ATP的纳米马达也被研究出来[10,11]。文献[12]介绍了一种基于DNA构建的分子行驶马达的实验。文献[13]中基于DNA的纳米镊子被开发出来。

除了人工制造的生物纳米机器，也有许多不包含人工制造的生物纳米机器部件和受这些机器启发及改造的人工制造的纳米机器(即全合成)。一些人工制造的纳米机器是以碳纳米管、金属或者半导体纳米天线为基础设计的。例如，使用单壁碳纳米管将热能转化为液态镓的扩张，从而研制出一种纳米级的温度计[14]。利用悬浮束碳纳米管和两个电极之间的硅纳米板，纳米转子可以将电能转化为转动动能[15]。

所有上述列举的纳米机器都是通过来自不同学科的科学家的协作努力而设计和构建的，其中包括物理学、化学、生物学、生物医学工程和生物工程等。每一个学科能够从本学科的知识出发，为纳米机器的设计和构造提供其独特的发展和贡献。然而，在这些学科中，机器人学界通过引入纳米机器人的概念而显著影响纳米机器和分子机器的理念，在下面章节将对此加以阐述。

1.1.2　纳米机器人

纳米机器人是指能够在纳米级范围内执行任务的机器人设备。在纳米机器人领域，研究纳米机器人系统的设计、制造、编程和控制[16-19]。事实上，纳米机器人的术语被科学界广泛使用，它包含任何形式的能够完成驱动、传感、控制、推进、信号、信息处理、智能和群体行为这些功能之一的纳米级活性机构。现有的纳米机器人系统可以分为以下4类。

第1类纳米机器人系统是纳米机械手。事实上，具备纳米定位功能但却不是纳米级装置的STM和SPM就可以被看作纳米机械手的首选范例。通过推动扫描隧道显微镜(STM)和扫描探针显微镜(SPM)的研究，研究机器人的相关人员推出了具有更多功能的机器人操作系统。这些新的系统被称为纳米机器人操纵器(NRM)，它们有着更高的末端执行器自由度、更高的末端执行器灵活度、更高的定位精度和更高的末端执行器工具的可能性[20,21]。

第2类纳米机器人系统包括生物纳米机器人系统(基于DNA和蛋白质的纳米机器人系统)。生物纳米机器人的术语用来表示所有包含基于生物元素(DNA和蛋白质)的纳米组件的纳米机器人系统[22-24]。生物纳米机器人的主要目标是利用各种生物元素执行其预先设定的生物学功能(如促进形成细胞级的运动、力或化学信号)来响应外部刺激。例如,蛋白质和DNA可以用作马达、机械接头、传输元件或传感器。这些生物元素的组件构成了纳米机器人设备,并能够在纳米级介质中施加力、操纵对象、传输以及接收信号。例如,使用逻辑门的基于DNA并能够响应特定刺激的纳米机器人已经被开发出来,并用于细胞间的有效载荷的传输和递送[25]。事实上,之前提到的生物纳米机器和生物纳米机器人在概念上非常相似。然而,生物纳米机器的设计、制造、控制和规划不包括机器人科学和工程。因此,机器人领域认为生物纳米机器和生物纳米机器人存在一定差异。例如,机器人领域最近推出了各种基于机器人科学和工程而设计的生物纳米机器人。这些设计的实例包含基于病毒线性纳米马达[26]和基于蛋白质的纳米手[27]。

第3类纳米机器人系统包括磁性引导纳米机器人系统。这些纳米机器人系统比其他两类(纳米机械手和生物纳米机器人)简单了许多。然而,由于具有纳米尺寸并通过人工纳米组件构成,它们是完全人造的纳米级机器人系统。事实上,磁性引导纳米机器人是一个简单的包含通过外磁场来启动和推进以完成特定任务(人体内的治疗任务)的铁磁材料的纳米粒子。文献[28]中介绍了更多关于磁性引导纳米机器人系统的信息。

第4类纳米机器人系统包括基于细菌的纳米机器人。这类系统同样可以被看作生物纳米机器人系统。然而,由于其在设计、控制和引导方面的独特,基于细菌的纳米机器人系统被看作一个独立的纳米机器人系统[29]。基于细菌的纳米机器人的开发包括两种不同的方法。第一种方法采用活细菌作为在流体环境中运动的纳米机器人系统,并操作流体环境中的对象。例如,在这种方法中,从机器人的角度看,一队细菌可以被用于推动流体环境中的小物体(如小珠子),这需要控制细菌的方向和位移[30]。第2种方法旨在开发人造纳米机器人,如使用一个外部磁场作为动力的细菌。例如,受精子运动的启发,一种具有薄顺磁性细丝的微型游泳机器人被制造出来。通过施加一个振荡磁场,微型游泳机器人像真核生物的鞭毛那样通过长丝的连续变形来推动细胞[31]。

除了对以上四类纳米机器人系统进行设计和制造,纳米机器人领域也关注纳米机器人的控制、编程和协调以完成预定的目标[32]。宏观机器人完全通过计算机来进行控制。对于纳米机器人,由于它们的大小,几乎不可能通过此类计算机来控制。一些基于新兴的纳米电子技术的基本控制系统可以用于纳米机器人的控制。例如,使用光传感器和马达,纳米机器人可以被引向光源[33]。许多自然界中的控制系统也为简单控制系统的设计提供了许多例子。例如,在细菌的菌落中,个体使用其传感器数值以改变对营养源的朝向。这一机制为使用细菌的简单高效控制系统的开发提供了很大的启发。除了对每个纳米机器人的控制,纳米机器人之间的自组织和协调性为执行特定任务的纳米机器人团体提供了较强的鲁棒性和稳定性。显然,可以通过通信手段来实现纳米机器人之间的合作。有关这种通信的细节会在接下来的章节中进行介绍。

综上,各种学科使用许多不同的生物部分、机制和实体来设计和制造新的纳米机器和纳米机器人。然而,除了这些学科,合成生物学领域通过生物实体的基因工程,为新的纳米和微型机器人的研制开辟了新的途径。接下来,我们将对基于生物合成的基因工程机器做简要介绍。

1.1.3　基于合成生物学的基因工程机器

20世纪60年代基因调控中数理逻辑的发现[34]和20世纪70年代基因工程的进步(如DNA重组技术)为今天的合成生物学铺平了道路。合成生物学可以定义为一个结合了生物学的调查性与工程学的建设性的研究领域。传统的基因工程方法通常集中在调整一个或几个基因来解决复杂的问题,而合成生物学从一个新的更复杂的工程驱动的角度解决这些问题。合成生物学在很大程度上一直关注基因设备和由之构成的小模块的创造和完善。考虑把细胞作为“可编程实体”,合成生物学的目的是制定有效的策略把设备组装并模块化到更大规模的复杂系统中。

合成生物学也有很大的潜力改变我们如何与环境交互以及如何对待人类健康,如通过制造实用生物体来清理人迹罕至地方的危险废弃物[35],探查化学物质并做出相应的反应[36,37],以高效和可持续的方式生产清洁燃料[38],或者识别和消灭肿瘤[38,39]。为了以层状结构对合成生物学的目标和方法进行概念化,计算机工程和合成生物学在层次上可以进行类比,如图 1.1 所示。

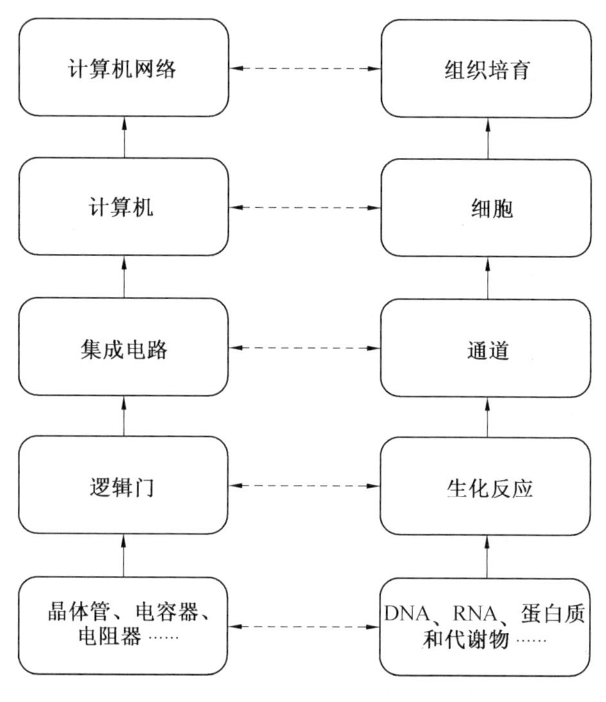

图 1.1 计算机工程和合成生物学的类比

① 在合成生物学层次结构底部包含生物建筑块,如 DNA、RNA、蛋白质和代谢物(脂质和碳水化合物、氨基酸和核苷酸)。这些生物组件和计算机工程的层次结构中的晶体管、电容器和电阻器的组成物理层类似。

② 上一层包含规范信息流和控制生理过程的生化反应。这些生化反应和计算机中执行计算的逻辑门相似。

③ 在接下来的层中,合成生物学家使用含有多样化生物装置的数据库合成复杂的路径,这可以认为是在一台计算机上的集成电路。

④ 这些复杂途径的彼此连接和到宿主细胞的整合允许合成生物学家以编程的方式扩展或修改细胞行为。可编程细胞的概念激发研究人员为目前尚未解决的问题设计出创新的解决方案。例如,细菌可作为活体的计算治疗工具来破坏肿瘤[38]。在使用双输入逻辑与门同时检测两个条件后,工程细菌侵

入并杀死肿瘤细胞。相似地，在计算机工程层次中，集成电路的组合可以被解释为一个可编程计算机。

⑤ 虽然独立操作工程细胞能够执行简单的任务，更为复杂的任务却需要一定组织的通信细胞来进行协调。此外，类似于活组织，在合成系统中采用细胞间的分子通信可以使细胞更可预测和可靠。更为重要的是，细胞间的通信可以协调跨越异类细胞群的任务来支持高复杂度的行为。因此，在复杂任务中着眼于多细胞系统来实现系统级的稳定性和可靠性是合理的。类似于通信细胞组成一个强大的多细胞系统，在计算机工程中，计算机之间的通信构成了计算机网络（图 1.1）。

事实上，细胞间的分子通信是自然界里细胞结构中最为重要的功能之一，因此，自然界中的分子通信机制[41] 和其在所有生命形式中的重要性值得被研究。

1.2　自然界中细胞间的分子通信

与人类必须通过交流组成一个复杂社会类似，所有的活细胞必须通过通信来完成特定任务以构成多细胞生物。事实上，在地球上出现多细胞生物之前，单细胞生物（如细菌和酵母菌）已经建立了应对环境内物理和化学变化的机制。尽管这些单细胞生物看起来彼此独立，但是它们可以进行通信来改变彼此的行为。例如，大多数的细菌可以响应其邻居发射的化学信号（如信使分子）来协调它们的活动，如它们的运动性、抗生素的生产、孢子形成和性结合。细菌的这种沟通和协调也被称为群体感应。与细菌类似，酵母细胞彼此通信来为交配做准备。除了单细胞生物，多细胞动物中的细胞通过沟通来保持生物的许多重要功能。事实上，苍蝇、蠕虫和哺乳动物的细胞中也使用类似的分子通信机制。而且，许多细胞间的分子通信和信号通路的重要机制最初是从对果蝇和线虫的突变分析中发现的。

细胞间的分子通信是通过细胞外的信号分子（如蛋白质、多肽、氨基酸和类固醇）来协调实现的。多细胞生物中的大多数细胞能够发射和接收信号分子。发射信号分子的机制可以分为 3 种，分别为胞吐过程、细胞膜扩散和细胞间接触。

① 通过胞吐过程,细胞将新合成的信号分子传递到细胞膜或者胞外空间。在这一过程中,信号分子通过细胞内的囊泡承载。囊泡是由双层脂质包围的用于运输和储存细胞物质的小气泡。搭载信号分子的囊泡能和细胞膜融合并将信号分子释放到细胞外空间,如图 1.2 所示。作为胞吐的逆过程,细胞也能够从周围环境中捕获重要的营养物质(如维生素、脂质、胆固醇和铁),如图 1.3 所示,这一过程也被称为胞吞作用。

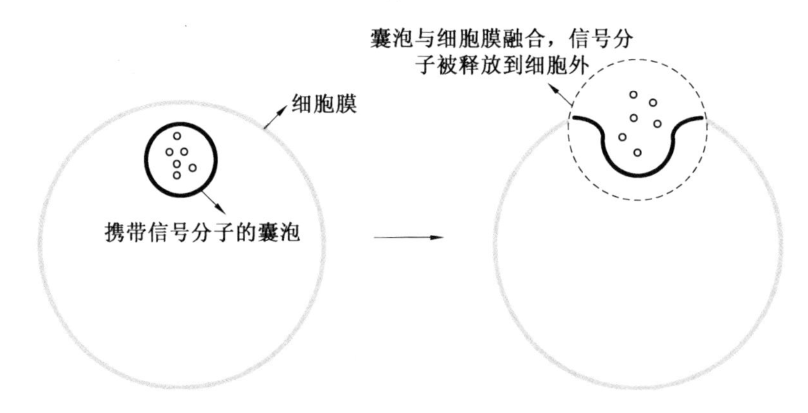

图 1.2　胞吐过程图

(细胞内携带信号分子的囊泡与细胞膜融合,变为细胞膜的一部分,然后信号分子被释放到细胞外的介质中)

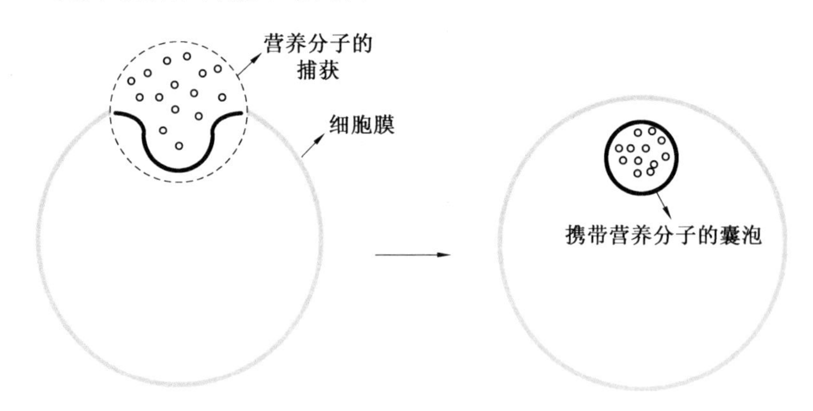

图 1.3　胞吞过程图

(细胞周围的营养分子被细胞捕获。细胞的细胞膜形成一个运输小泡将营养分子运到细胞内)

② 信号分子也可以通过细胞的细胞膜扩散来发射。在这种机制中，细胞内的信号分子直接通过细胞膜扩散到外部环境。这种信号分子扩散可以通过细胞内、外的信号分子的浓度差来触发。

③ 信号分子可以附着在信号细胞的表面，可以通过信号细胞和靶细胞（接收细胞）的接触将信号分子传递到靶细胞。

无论采用哪种发射机制，分子的接收主要是基于细胞表面的受体蛋白（膜蛋白）。信号分子可以与膜蛋白结合，这种结合激活了受体蛋白和一种或多种细胞内信号通路（intracellular signaling pathways），这将触发细胞内信号蛋白的产生，并分布到细胞内合适的靶位置，如图1.4所示。这些靶位置一般是效应蛋白（effector proteins）。根据信号和接收细胞状态的不同，这些效应器可以是基因调控蛋白、代谢路径组件或者细胞骨架部件（图1.4）。受体蛋白也可能在靶细胞内，而不是在表面上。在这种情况下，信号分子必须进入靶细

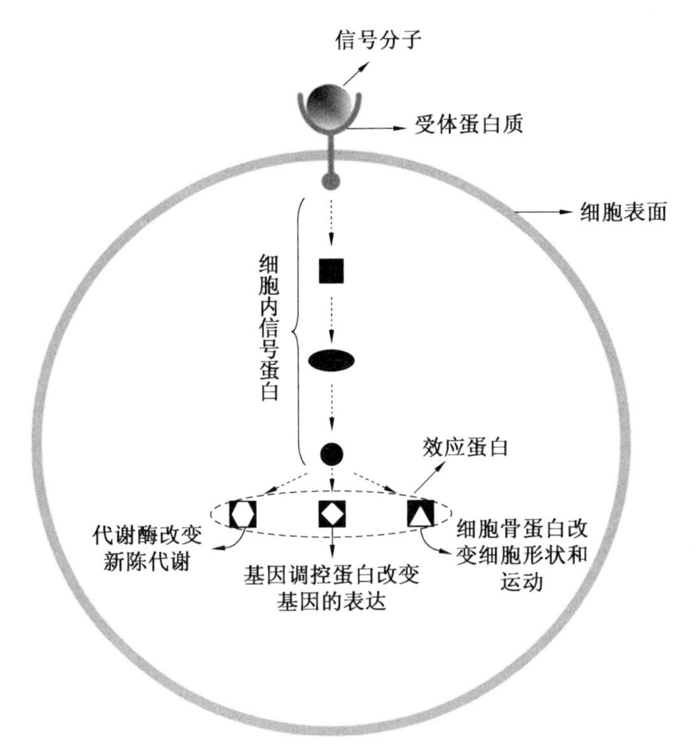

图1.4　细胞表面信号分子和受体蛋白结合以及因此结合的响应而形成的连续的信号通路（不同细胞内蛋白和效应蛋白的合成）

胞才能与受体蛋白结合,这就要求信号分子足够小并具备疏水性,可以通过扩散形式进入靶细胞的细胞膜。许多这样的信号分子通过血液和其他细胞外液运送并与受体蛋白结合,从而到达靶细胞。此外,如上所述,胞吞过程(图1.3)也可以被看作将信号分子运入细胞来与受体蛋白结合。

根据信号分子如何从信号细胞传播到靶细胞和它们如何与受体蛋白相互作用,细胞间的分子通信可分为 5 种类型,即接触依赖、旁分泌、突触、内分泌和细胞间间隙连接 5 种信号。

(1) 接触依赖细胞间信号。接触依赖信号需要信号和靶细胞直接接触。在接触期间,附着在信号细胞表面的信号分子与靶细胞表面的蛋白质结合,如图 1.5 所示。这样的接触依赖信号是发展和免疫应答所必须的。接触依赖信号可以工作在相对远的距离,这通过通信细胞经过漫长的过程来彼此接触实现。

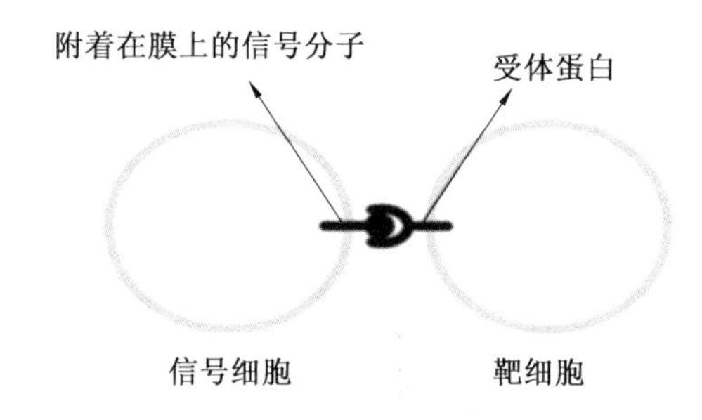

图 1.5 接触依赖细胞间信号图

(附着在信号细胞上的信号分子与靶细胞表面的受体蛋白结合)

(2) 旁分泌细胞间信号。在大多数情况下,信号细胞将信号分子发射到细胞外介质中。发射的分子自由扩散到介质中,到达并作用于远处的靶细胞(图 1.6)。在这种情况下,这样的信号被称为旁分泌信号。所发射的信号可以充当本地介质,并仅与信号细胞周围环境中的细胞相互作用。这种情况下,这种信号被称为自分泌信号。例如,癌细胞经常使用自分泌信号的策略来刺激它们的生存和增殖。

(3) 突触细胞间信号。复杂的多细胞有机体(如人)需要复杂的信号机制来长距离工作以协调人体远端部分细胞的行为。当然,神经细胞或神经元拥有最复杂的信号机制,即突触信号。它们有着长分支的轴突来与远处的靶细胞联系。每个轴突在靶细胞的前端以化学突触作为接触点。当一个神经元由环境内神经元的刺激激活时，它发送动作电位的电脉冲。所产生的冲击沿轴突快速传播。一旦这样的脉冲到达突触的轴突尖端，它就会触发神经递质的分泌。然后，在突触上神经递质被专门递送到靶细胞的受体，具体过程如图1.7所示。需要注意到，由于动作电位是一个电信号，它可以快速地从神经元传递到化学突触。此外，由于突触间隙的长度是很小的，神经递质也可以在突触上迅速扩散并到达靶细胞。

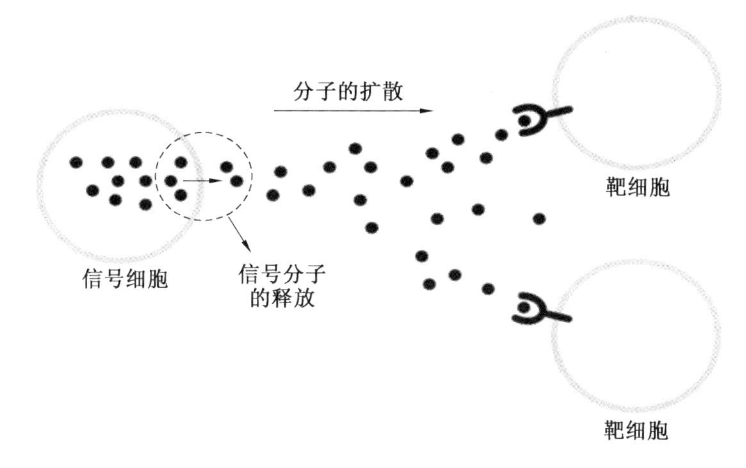

图1.6　旁分泌细胞间信号图

（信号细胞发射信号分子，信号分子开始在信号细胞和靶细胞之间的媒介中扩散。然后，一些扩散的信号分子与靶细胞上的受体蛋白相互作用）

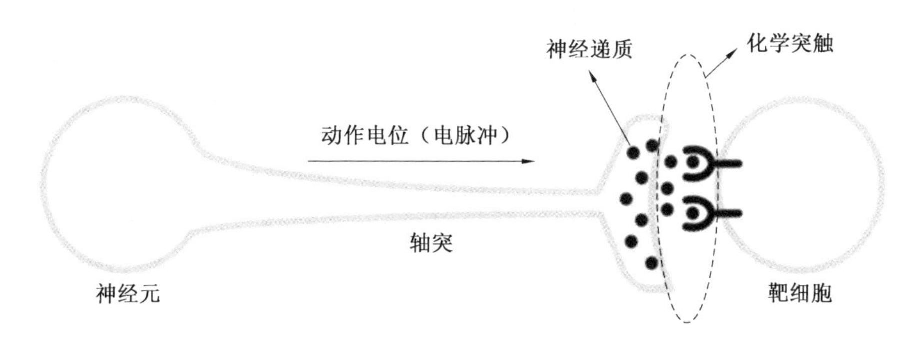

图1.7　突触细胞间信号图

（神经元细胞是由外部因素或另一个神经元刺激，受刺激的神经元产生在轴突上传播的动作电位，即电脉冲。在轴突的末端，动作电位转换为化学信号，即神经递质分子，并通过化学突触被传递到靶细胞的受体）

(4) 内分泌细胞间信号。在内分泌信号传导中,内分泌细胞(信号细胞)释放激素分子(信号分子)到血液中,这使得激素分子能够到达远处的靶细胞并与之作用,如图 1.8 所示。

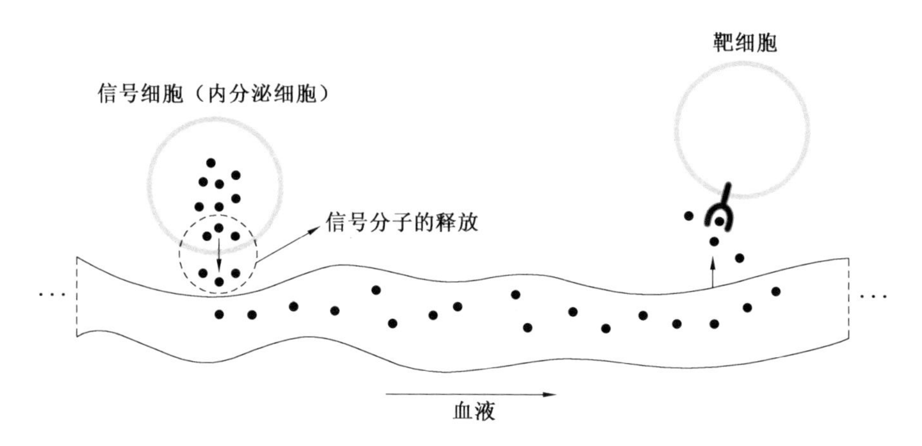

图 1.8 内分泌细胞间信号图
(内分泌细胞将激素分子分泌到血液中,激素分子通过血液到达远处的靶细胞并与之相互作用)

(5) 细胞间间隙连接信号。在间隙连接信号中,相邻上皮细胞的细胞质通过狭窄的、充满水的通道(即间隙连接)彼此联系,如图 1.9 所示。这些通道可以实现离子和水溶性小分子的交换,但无法实现蛋白质、核酸这些大分子的交换。不同于上述的其他细胞间信号,间隙连接允许相邻的细胞进行双向通信。它们也可以通过细胞内物质的调解(如钙离子),使细胞外的信号作用更容易扩散。其实,钙离子信号的间隙连接是一个非常重要的机制,后续章节会详细介绍。

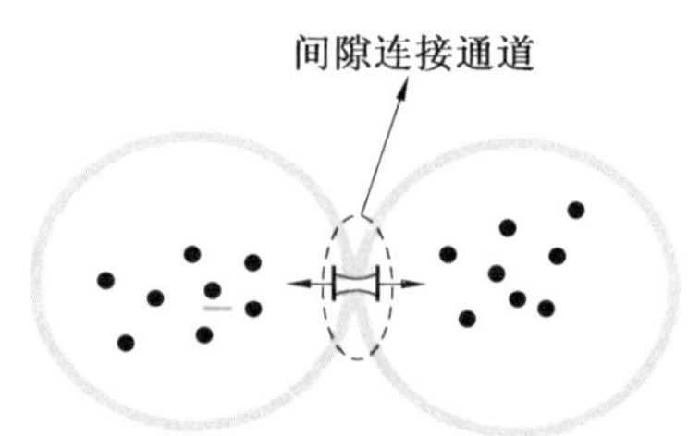

图 1.9 相邻细胞间的间隙连接信号图
(信号分子能够在间隙连接通道中双向传递)

除了上述细胞间的分子通信机制，细胞也有突出的细胞内分子通信机制。例如，在细胞中，合成蛋白质的基因表达过程是由基因调控蛋白控制。通过绑定和解除绑定到特定的短DNA序列（即结合位点），这些调控蛋白可以像活化剂一样增加基因表达率，或者像抑制剂一样，降低基因的表达率。调控蛋白和特定结合位点的作用可以被看作细胞内的分子通信。事实上，DNA和其调控机制产生了大量的细胞状态，因此，基因调控网络可以通过动态地协调它们的基因表达谱，以响应内部和外部条件的变化[42]。因此，在基因调控网络中，这样的一种细胞内的通信有关键作用。基因调控网络中的分子通信会在本书接下来的章节中详细介绍。此外，另一种细胞内的分子通信是基于可以将化学能转化为运动的运动蛋白。运动蛋白在承载信号分子从细胞中一个位置到另一个位置中起着关键作用。它们绑定到一个极化的细胞骨架丝，并使用来自ATP的能量稳定地沿着它移动[41]。因此，它们可以将重要的分子货物及时、可靠地递送到细胞内特定的靶位置。事实上，运动蛋白（分子马达）在许多重要功能中是必需的，如肌肉收缩、细胞分裂、细胞通信和沿着神经细胞轴突的物质运输。运动蛋白的概念将会在本书的后续章节中详细介绍。

除了细胞间和细胞内的分子通信，动物也使用信使分子来彼此通信。动物间使用的最有名的信使分子之一是信息素分子[43]。它们由个体分泌到外部并由相同物种的另一个个体接收。信息素被广泛地应用于种类繁多的动物物种间，从昆虫到高等灵长类，都通过信息素来发送和接收信息，以完成许多行为功能。例如，信息素可以由个体分泌用于吸引交配伙伴或指导同伴找到合适的食物地点，或让同伴分散开来避险，或者有其他多种行为功能[44]。

正如本节所介绍的自然界的分子通信，为了实现许多前沿的功能，人造的设备和机器（如生物纳米机器、生物纳米机器人和基因工程细胞中的分子通信）是可能的。在接下来的一节中，会对这些机器和设备间的分子通信进行讨论。在开始下一部分之前，需要注意到这些设备的尺寸大多是微米级的（如基因工程化细胞），但它们中的大多数能够在纳米尺度上执行简单的任务。因此，在相关文献中，这些设备通常被称为纳米机器。在本书的其余章节，纳米机器的术语代指所有这些设备。纳米机器之间的各种通信（包括分子、电磁或声波通信）称为纳米级的通信。纳米机器之间的通信网络称为纳米网络。

1.3 纳米机器间的分子通信

纳米机器间的纳米级通信和纳米网络对于许多纳米和生物技术(包括合成生物学)领域的应用来说是必需的。在这些应用中,通过纳米级的通信模式来协调纳米机器,能够保证这些应用程序的可靠性和可控性。更为重要的是,纳米机器的纳米网络能够协调不同种类的纳米机器组来执行高复杂度的任务,并增加了可行设计的数目。例如,一组非通信的纳米机器在行为上是异步的,并且不能执行预定的任务。然而,纳米机器的纳米通信网络能够克服异步行为问题并协调纳米机器的数目。此外,纳米网络还可能被应用在许多方面[45]:① 协调纳米机器的合作任务;② 高效地收集传感数据;③ 关联感知输入并做出决策;④ 发送信息到外部实体。

纳米网络还可以促进新兴分子的、细胞的和无定型计算系统方面的进步,其中的逻辑运算是通过生物实体实现的。这样的运算支持许多重要的应用,生物细胞像传感器一样工作,进行疾病检测并采取治疗措施,生产可编程的分子级药品运载工具,建立组装纳米级结构的化学工厂[1,46]。

在文献[7,18]中,提到了4种主要的纳米级通信模式来用于纳米网络中纳米机器的互连,它们分别是机械的、声学的、电磁的和分子的通信算法。在纳米机械通信中,通过发送器和接收器间的机械接触传递消息。声波能量(如压力变化)被用于在声学通信中传送信息。电磁通信是通过电磁波的调制来传递信息。此外,在分子通信中,分子被用作信息的载体来使得纳米机器之间共享信息。在这4个模式中,由于缺乏通信设备之间的沟通,纳米机械通信和声学通信对于纳米网络的实现并不是可行的。事实上,具有完全人工的纳米组件的纳米通信机器还尚未实现。所有现有的纳米机器都包含生物组件或者像工程细胞那样完全是生物机器。因此,一个可能的纳米级的通信范式的设备必须能够与生物组件和谐地工作。这也是在实现纳米机械和声学通信中的一大障碍。尽管电磁通信设备(如碳纳米管无线电和天线)是可用的,但这些设备中的大多数却不是生物相容的。相比之下,分子通信是实现纳米网络最有前景的方法,其具有如下的优势:

(1) 由于自然界中的细胞结构中普遍存在，分子通信是生物相容的。例如，在免疫系统中，白细胞使用分子来彼此通信以协同感知和消除病原体。

(2) 由于分子通信系统已经被实现，因此分子通信设备是可获取的。例如，使用一氧化氮信号元件，在哺乳动物细胞中的人工细胞间通信系统已被研制出来以支配的细胞群体。这一系统也可以用于复杂的应用，如基因治疗和人工基因调控网络[47]。文献[72,73]主要介绍了存在的分子通信系统和其实现上的挑战。

事实上，分子通信和纳米网络有很多生物医学、环境和工业的应用[7,48]。

1. 生物医学应用

(1) 免疫系统支持。免疫系统包括负责保护生物体免受有害细菌伤害的血细胞，这是由免疫系统中血细胞的分子通信和协调来实现的。形成了生物免疫系统这一出色的防御机制。当免疫系统失常时，特定的纳米机器就可以充当这些血细胞来支持免疫系统。通过彼此通信和协调，它们还可以检测和消除癌细胞等恶意细胞[49]。当然，正如在免疫系统中血细胞的分子通信，分子通信是协调和自组织这些纳米机器最为合适的纳米级通信模式。

(2) 药物传递。药物传递系统有助于控制和分配药物在生物体内的分布。药物分子的控制释放和投递到特定的组织，可以通过分子通信机制来实现。这可以减少药物对其他健康组织的副作用。

(3) 健康监测。健康监测中识别和监测特定的分子时可以采用分子通信。例如，通过部署可以感知人体内所需分子的纳米机器，可以获得这种分子的空间和时间的分布。对于这种应用，为了可靠地收集监测分子的信息并传输到中央实体，纳米机器间的分子通信是不可或缺的[50,51]。

(4) 片上实验室。在片上实验室应用中，对在芯片上的生物样品进行化学操作和分析，是在毫米和厘米尺度内进行的。在这些应用中，移动特定分子到芯片上指定位置时需要分子通信。

2. 环境应用

(1) 环境监测。类似于上述的健康监测，可以通过识别和监测一些能够引起环境问题的特定分子(包括放射性分子) 来进行环境监测，这些环境问题有非法污染、放射性泄漏等。通过具有感知特定分子能力的纳米机器，对不需要的分子的监测和定位是可以实现的。例如，为了监测空气，可以开发能够监控、检测和消除空气中有害物质的纳米过滤器[52]。

(2) 动物和生物多样性控制。可以通过分子通信系统检测和跟踪动物释放的特定分子(如信息素分子),以观察动物种群。通过合成释放这样的分子,也可以控制动物种群在特定地区的出现。

3. 工业应用

(1) 布局和结构的形成。分子通信系统可以和化学过程共同产生新的分子布局和结构[53]。分子通信系统可以通过编程来实现将每个分子传递到指定的位置,然后采用化学过程,并使用有组织的分子种类来完成一个需要的结构。

(2) 功能材料。纳米机器间互连的分子通信可以掺入先进的材料来获得新的功能。例如,使用纳米材料并能够抗菌、防污、驱蚊的纺织品正在研发中[54]。

除了上面提到的这些应用,许多现在和设想的分子通信和纳米网络的应用都可以在文献[7]中找到。接下来,通过介绍分子通信的架构来阐述分子通信的模式。

1.4 分子通信的架构

受1.2节介绍的自然界中的分子通信机制的启发,可以定义5种不同的分子通信架构,如图1.10所示。在这些结构中,5个不同的部件可以定义如下:

(1) 发射纳米机器(TN)是能够合成、储存和释放信使分子的纳米机器(如生物纳米机器人或工程细胞)。与细胞的胞吐作用相似,TN中的囊泡可承载信使分子。包含信使分子的囊泡与TN的表面融合(如细胞膜),使得信使分子能够被释放到环境中(图1.2)。信使分子也可以扩散穿过TN的表面,这种扩散是由细胞内、外环境的浓度差引起的。此外,信使分子能够附着在TN的表面并通过TN和RN(接收纳米机器)的接触来传递到RN。除了信使分子的发射,TN也负责使用信使分子进行信息编码。信使分子的不同类型、浓度水平或者发射频率可被TN用来编码信息[7,48]。

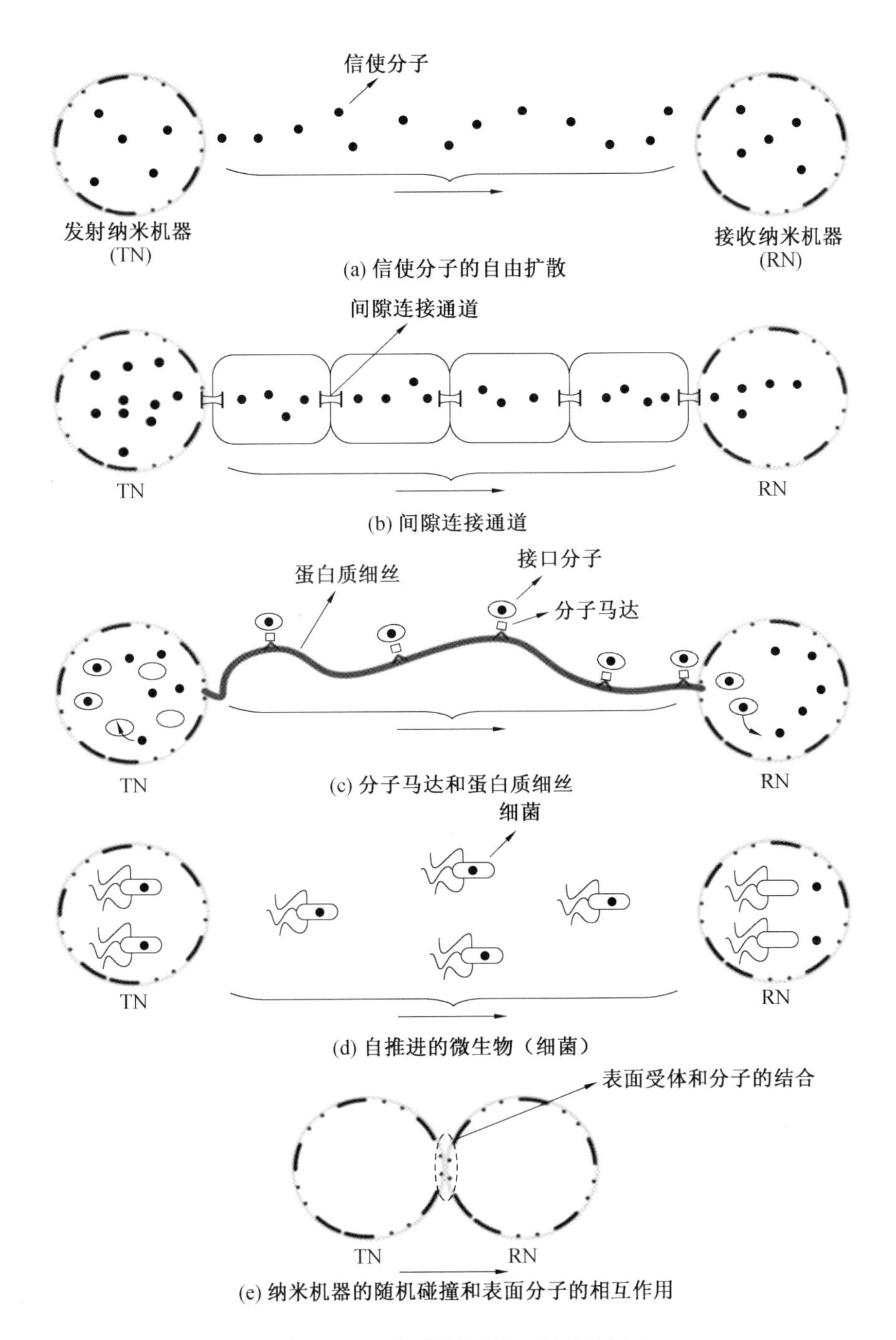

图1.10　5种不同的分子通信架构图

(2) 接收纳米机器(RN)是另一种能够捕捉并对信使分子做出反应和推断由 TN 发送、信使分子承载信息的纳米机器。捕获信使分子的方案很多。RN 也许具有能够允许特定信使分子通过的表面结构。例如,与细胞的胞吞作用类似,RN 能够从周围介质中捕获信使分子(图 1.3)。RN 也可能具有能够与信使分子结合的表面受体。注意到 1.2 节中所介绍的,这样的表面受体在大多数生物细胞中是很普遍的,用以接收信使分子。此外,RN 也可能具有表面的通道来接收信使分子。在捕获信使分子后,RN 解码信使分子携带的信息,这可以通过不同的化学反应或者测量浓度和识别接收的分子来实现。例如,细菌(如大肠杆菌)可以对低至 3.2 nm 的浓度变化做出反应[55]。这表明此类能够被看作纳米机器的细菌具有精确的浓度测量机制,来解码其周围环境的信息。

(3) 信使分子携带信息并从 TN 传播到 RN。信使分子(也称为信息分子)必须是化学稳定的并且能够抵抗环境噪声、降解和来自其他分子的干扰。在生物系统中使用信使分子的实例包括内分泌激素、局部介质(如细胞因子、神经递质、细胞内信使)和 DNA/ RNA 分子。此外,特定的信使分子可以被合成用于特定目的,如药物输送[56]。

(4) 接口分子使得纳米机器能够通过相同的通信机制来传递和接收不同的信使分子。例如,囊泡(即小气泡)能够封装信使分子,所以可以用作接口分子[57]。信使分子的这种封装能够避免信使分子与环境中的其他分子发生化学作用,避免降解或受环境噪声的影响(如抑制酶),这使得接口分子能够充当 TN 和 RN 之间可靠的通信接口。除了囊泡,也可以设计出能够可靠到达体内指定位置的封装药物的纳米级胶囊。胶囊在血液中循环并在靶位置与期望的受体结合。这种方法减少了药物在非目标位置产生不必要的副作用[58]。

(5) 引导和传输的机制用于从 TN 到 RN 引导和传输信使分子。5 种不同的引导和传输的机制如图 1.10(a) ~ (e) 所示。5 种机制的细节会在本书中其他部分加以详细介绍。此处则做如下简要介绍。

① 信使分子的自由扩散可以被认为是对于信使分子的引导和传输机制[7,48,59](图 1.10(a))。在这种方法中,TN 发射信使分子,然后信使分子在介质中自由扩散。有些扩散分子随机撞到 RN 上,这使得 RN 接收撞到的分子来推断 TN 发送的信息。

② 接触细胞间的间隙连接通道可以被用作另一种信使分子的引导和传输机制[60-63](图1.10(b))。间隙连接通道可以调节从TN到RN的通路上信使分子的扩散。此外,间隙连接通道有不同的选择性和渗透特性,可以实现过滤、切换等额外的功能。

③ 分子马达(或马达蛋白)和蛋白质细丝是另一种信使分子引导和传输机制[64-67]。本节定义两种不同的使用分子马达和蛋白质细丝的方法。在第一种方法中,信使分子由分子马达搭载,沿着一条单一的蛋白质细丝链移动(像在铁轨上运行的火车)。这种方法如图1.10(c)所示,并且与自然界中通过分子马达来进行细胞内分子的运输有关。在第二种方法中,携带的信使分子的蛋白质细丝(如微管)由TN和RN之间的平坦表面上吸收的分子马达推进。

④ 另一种引导和传输的机制是基于自推进的微生物(如细菌)[68-70]。在这种方法中,信使分子(如DNA分子)被插入TN中的细菌中,RN释放引诱分子来指导搭载信使分子的细菌朝它的位置前进。通过趋化作用,细菌遵循由RN释放的引诱分子的梯度,其中的一些细菌最终到达RN。当细菌到达时,细菌内信使分子携带的信息由RN接收。这一方法如图1.10(d)所示。

⑤ 与1.2节(图1.5)中接触依赖的细胞间通信相似,信使分子附着在TN的表面。因此,当TN和RN随机碰撞时,TN所附着的分子可以被传递到RN并与RN表面的受体相结合[71]。这样的分子通信方案如图1.10(e)所示。

让我们思考这5种不同的引导和传输机制。在第一种机制中,信使分子从TN被动地扩散到RN,而传播过程中不需要任何中间系统。然而,在其他4种方案中,信使分子借助中间系统主动地传输,即间隙连接通道、分子马达和蛋白质细丝、自推进的微生物和纳米机器的随机碰撞。因此,根据使用的引导和传输机制的不同,分子通信系统可以被分为被动分子通信(PMC)和主动分子通信(AMC)两大类。在PMC中,可能存在两种不同的策略来接收信使分子。RN本身作为一个吸收者来接收分子或者RN具有表面受体,并且使用1.2节介绍的“配体-受体”结合机制来接收分子。因此,根据使用的引导和传输机制以及分子如何由RN接收,PMC可以分为两类,而AMC可以被分为4类,具体分类如下所示。

(1) 被动分子通信(PMC)。① 基于吸收器的PMC;② 基于“配体-受体”

结合的 PMC。

(2) 主动分子通信(AMC)。① 基于分子马达的 AMC;② 基于间隙连接通道的 AMC;③ 基于自推进微生物的 AMC;④ 基于纳米机器接触的 AMC。

1.5 本书的组织结构

在本书的其他部分,会详细介绍 PMC 和 AMC 的模式。在第 2 章和第 3 章,会详细讨论通过吸收剂的 PMC 和通过"配体-受体"结合的 PMC。第 4 章会对上面列举的所有的 AMC 模式进行详细阐述。整本书的讨论主要集中在两个纳米机器(即 TN 和 RN)之间的分子通信。通过研究如何将两个纳米机器扩展到多个纳米机器的纳米网络,对多个纳米机器的情况也做出论述。

本章参考文献

[1] Abelson H et al (2000) Amorphous computing. Communications of the ACM 43.(5):74-82.

[2] Balzani V, Credi A, Silvi S, Venturi M (2006) Artificial nanomachines based on interlocked molecular species: recent advances. Chem Soc Rev 35:1135-1149.

[3] Ozin GA, Manners I, Fournier-Bidoz S, Arsenault A (2005) Dream nanomachines. Adv Mater 17:3011-3018.

[4] Roukes M (2001) Nanoelectromechanical systems face the future. Phys World 14:25-31.

[5] Despont M, Brugger J, Drechsler U, Dürig U, Häberle, W, Lutwyche M, Rothuizen, H, Stutz R et al (2000) VLSI-NEMS chip for parallel AFM data storage. Sens Actuators A Phys 80:100-107.

[6] Drexler E (1992) Nanosystems: molecular machinery, manufacturing, and computation. Wiley, New York.

[7] Akyildiz IF, Brunetti F, Blázquez C (2008) Nanonetworks: a new communication paradigm. Comput Netw 52:2260-2279.

[8] Whitesides GM (2001) The once and future nanomachine. Sci Am 285: 70-75.

[9] Soong RK, Bachand D, Neves HP, Olkhovets AG, Craighead HG, Montemagno CD (2000) Powering an inorganic nanodevice with a biomolecular motor. Science 290:1555-1558.

[10] Montemagno CD, Bachand GD (1999) Constructing nanomechanical devices powered by biomolecular motors. Nanotechnology 10:225-331.

[11] Bachand GD, Montemagno CD (2000) Constructing organic/inorganic NEMS devices powered by biomolecular motors. Biomed Microdevices 2:179-184.

[12] Sherman WB, Nadrian CS (2004) A precisely controlled DNA biped walking device. Nano Lett 4:1203-1207.

[13] Yurke B, Turberfield AJ, Mills AP Jr, Simmel FC, Neumann JL (2000) A DNA-fuelled molecular machine made of DNA. Nature 406: 605-608.

[14] Gao Y, Yoshio B (2002) Nanotechnology: carbon nanothermometer containing gallium. Nature 415:599.

[15] Fennimore AM et al (2003) Rotational actuators based on carbon nanotubes. Nature 424:408-410.

[16] Requicha AAG, Baur C, Bugacov A, Gazen BC, Koel B, Madhukar A, Ramachandran TR, Resch R, Will P (1998) Nanorobotic assembly of two-dimensional structures. In: Proceedings of IEEE international conference on robotics and automation, pp 3368-3374.

[17] Sitti M, Hashimoto H (1998) Tele-nanorobotics using atomic force microscope. In: Proceedings of IEEE/RSJ international conference on intelligent robots and systems, pp 1739-1746.

[18] Freitas RA Jr (1999) Nanomedicine, volume I: basic capabilities. Landes Bioscience, Georgetown.

[19] Mavroidis C, Ferreira A (2013) Nanorobotics: past, present, and

future. In: Nanorobotics. Springer, New York, pp 3-27.

[20] Fukuda T, Arai F, Dong L (2003) Assembly of nanodevices with carbon nanotubes through nanorobotic manipulation. Proc IEEE 91(11): 1803-1818.

[21] Fukuda T, Arai F, Dong L (2005) Nanorobotic systems. Int J Adv Robot Syst 2(3):264-275.

[22] Dubey A, Mavroidis C, Thornton A, Nikitczuk KP, Yarmush ML (2003) Viral protein linear (VPL) nano-actuators. In: Proceedings of IEEE NANO, San Francisco, CA, 12-14 Aug 2003, vol 2, pp 140-143.

[23] Dubey A, Sharma G, Mavroidis C, Tomassone SM, Nikitczuk KP, Yarmush ML (2004) Dynamics and kinematics of viral protein linear nano-actuators for bio-nano robotic systems. In: Proceedings of IEEE international conference of robotics and automation, New Orleans, LA, 26 April-1 May 2004, pp 1628-1633.

[24] Mavroidis C, Dubey A, Yarmush M (2004) Molecular machines. Ann Rev Biomed Eng 6:363-395.

[25] Douglas SM, Bachelet I, Church GM (2012) A logic-gated nanorobot for targeted transport of molecular payloads. Science 335(6070):831-834.

[26] Dubey A, Mavroidis C, Tomassone SM (2006) Molecular dynamic studies of viral-protein based nano-actuators. J Comput Theor Nanosci 3(6):885-897.

[27] Sharma G, Rege K, Budil D, Yarmush M, Mavroidis C (2008) Reversible pH-controlled DNA binding peptide nano-tweezers-an in-silico study. Int J Nanomed 3(4):505-521.

[28] Vartholomeos P, FruchardM, Ferreira A, Mavroidis C (2011) MRI-guided nanorobotic systems for therapeutic and diagnostic applications. Ann Rev Biomed Eng 13:157-184.

[29] Sitti M (2009) Miniature devices: voyage of the microrobots. Nature 458:1121-1122.

[30] Darnton N, Turner L, Breuer K, Berg HC (2004) Moving fluid with bacterial carpets. Biophys J 86(3):1863-1870.

[31] Dreyfus R, Baudry J, Roper ML, Fermigier M, Stone HA, Bibette J (2005) Microscopic artificial swimmers. Nature 437:862-865.

[32] Requicha AAG (2003) Nanorobots, NEMS, and nanoassembly. Proc IEEE 91(11):1922-1933.

[33] Braitenberg V (1986) Vehicles: experiments in synthetic psychology. MIT press, Cambridge.

[34] Jacob F, Monod J (1961) Genetic regulatory mechanisms in the synthesis of proteins. J Mol Biol 3(3):318-356.

[35] Cases I, de Lorenzo V (2010) Genetically modified organisms for the environment: stories of success and failure and what we have learned from them. Int Microbiol 8(3):213-222.

[36] Antunes MS, Ha SB, Tewari-Singh N, Morey KJ, Trofka AM, Kugrens P et al (2006) A synthetic de-greening gene circuit provides a reporting system that is remotely detectable and has a reset capacity. Plant Biotechnol J 4(6):605-622.

[37] Bowen TA, Zdunek JK, Medford JI (2008) Cultivating plant synthetic biology from systems biology. New Phytol 179(3):583-587.

[38] Savage DF, Way J, Silver PA (2008) Defossiling fuel: how synthetic biology can transform biofuel production. ACS Chem Biol 3(1):13-16.

[39] Purnick PE, Weiss R (2009) The second wave of synthetic biology: from modules to systems. Nature Rev Mol Cell Biol 10(6):410-422.

[40] Andrianantoandro E, Basu S, Karig DK, Weiss R (2006) Synthetic biology: new engineering rules for an emerging discipline. Mol Syst Biol 2(1):1-14.

[41] Alberts B, Bray D, Lewis J, Raff M, Roberts K, Watson JD (1994)

Molecular biology of the cell. Garland, New York.

[42] Tkačik G, Walczak AM (2011) Information transmission in genetic regulatory networks: a review. J Phys Condens Matter 23(15): 153102.

[43] Karlson P, Lüscher M (1959) 'Pheromones': a new term for a class of biologically active substances. Nature 183:55-56.

[44] Shorey HH (1976) Animal communication by pheromones. Academic, New York.

[45] Atakan B, Akan OB, Balasubramaniam S (2012) Body area nanonetworks with molecular communications in nanomedicine. IEEE Commun Mag 50(1): 28-34.

[46] Benenson Y, Gil B, Ben-Dor U, Adar R, Shapiro E (2004) An autonomous molecular computer for logical control of gene expression. Nature 429(6990):423-429.

[47] Wang WD, Chen ZT, Kang BG, Li R (2008) Construction of an artificial inter-cellular communication network using the nitric oxide signaling elements in mammalian cells. Exp Cell Res 314(4):699-706.

[48] Nakano T et al (2012) Molecular communication and networking: opportunities and challenges. IEEE Trans NanoBiosci 11(2):135-148.

[49] Freitas RA (2005) Nanotechnology, nanomedicine and nanosurgery. Int J Surg 3(4):243-246.

[50] Moritani Y, Hiyama S, Suda T (2006) Molecular communication for health care applications. In: Proceedings of pervasive computing and communications workshops.

[51] Malak D, Akan OB (2012) Molecular communication nanonetworks inside human body. Nano Commun Netw 3(1):19-35.

[52] Han J, Fu J, Schoch RB (2008) Molecular sieving using nanofilters: past, present and future. Lab Chip 8(1):23-33.

[53] Ray TS (1993) An evolutionary approach to synthetic biology: Zen and

the art of creating life. Artif Life 1:179-209.

[54] Tessier D, Radu I, Filteau M (2005) Antimicrobial fabrics coated with nano-sized silver salt crystals. In: Proceedings of NSTI nanotechnology, vol 1, pp 762-764.

[55] Endres RG, Wingreen NS (2008) Accuracy of direct gradient sensing by single cells. Proc Natl Acad Sci 105(41):15749-15754.

[56] LaVan DA, McGuire T, Langer R (2003) Small-scale systems for in vivo drug delivery. Nature Biotechnol 21(10):1184-1191.

[57] Moritani Y, Hiyama S, Suda T (2006) Molecular communication among nanomachines using vesicles. In: Proceedings of NSTI nanotechnology conference.

[58] Langer R (2001) Drugs on target. Science 293(5527):58-59.

[59] Hiyama S, Moritani Y, Suda T, Egashira R, Enomoto A, MooreM, Nakano T (2005) Molecular communication. In: Proceedings of NSTI nanotechnology conference, vol 3, pp 392-395.

[60] Nakano T, Suda T, Moore M, Egashira R, Enomoto A, Arima K (2005) Molecular communication for nanomachines using intercellular calcium signaling. In: Proceedings of IEEE.

[61] Nakano T, Hsu Y H, TangWC, Suda T, Lin D, Koujin T, Hiraoka Y (2008) Microplatform for intercellular communication. In: Proceedings of IEEE international conference on nano/micro engineered and molecular systems, pp 476-479.

[62] Nakano T, Suda T, Koujin T, Haraguchi T, Hiraoka Y (2008) Molecular communication through gap junction channels. Trans Comput Syst Biol X 5410:81-99.

[63] Nakano T, Koujin T, Suda T, Hiraoka Y, Haraguchi T (2009) A locally induced increase in intracellular propagates cell-to-cell in the presence of plasma membrane atpase inhibitors in non-excitable cells. FEBS Lett 583(22):3593-3599.

[64] MooreM, Enomoto A, Nakano T, Egashira R, Suda T, Kayasuga A, Oiwa K (2006) A design of a molecular communication system for nanomachines using molecular motors. In: Proceedings of IEEE pervasive computing and communications workshops.

[65] Enomoto A, Moore M, Nakano T, Egashira R, Suda T, Kayasuga A, Oiwa K (2006) A molecular communication system using a network of cytoskeletal filaments. In: Proceedings of NSTI nanotechnology conference.

[66] Hiyama S, Inoue T, Shima T, Moritani Y, Suda T, Sutoh K (2008) Autonomous loading, transport, and unloading of specified cargoes by using DNA hybridization and biological motor-based motility. Small 4 (4):410-415.

[67] Hess H, Matzke CM, Doot RK, Clemmens J, Bachand GD, Bunker BC, Vogel V (2003) Molecular shuttles operating undercover: a new photolithographic approach for the fabrication of structured surfaces supporting directed motility. Nano Lett 3(12):1651-1655.

[68] Gregori M, Akyildiz IF (2010) A new nanonetwork architecture using flagellated bacteria and catalytic nanomotors. IEEE J Sel Areas Commun 8(4):612-619.

[69] Cobo LC, Akyildiz IF (2010) Bacteria-based communication in nanonetworks. Nano Commun Netw 1(4):244-256.

[70] GregoriM, Llatser I, Cabellos-Aparicio A, Alarcón E (2011) Physical channel characterization for medium-range nanonetworks using flagellated bacteria. Comput Netw 55(3):779-791.

[71] Guney A, Atakan B, Akan OB (2012) Mobile ad hoc nanonetworks with collision-based molecular communication. IEEE Trans Mobile Comput 11(3):353-366.

[72] Hiyama S, Yuki M (2010) Molecular communication: Harnessing biochemical materials to engineer biomimetic communication systems.

Nano Communication Networks 1(1)：20-30.

[73] Teuscher C et al (2011) Challenges and promises of nano and bio communication networks. In：Proceedings of Fifth IEEE/ACM International Symposium on Networks on Chip (NoCS) pp 247-254.

第 2 章　基于吸收器的被动分子通信

本章中，在假定接收纳米机器(RN)是一种能将信使分子吸收的吸收器的基础上，介绍了被动分子通信(PMC)。在讨论发射纳米机器(TN)的发射过程之后，通过给定随机游走和扩散方程的条件，阐述了发射分子的扩散过程。然后，详细介绍了 RN 的分子接收过程。通过将发射、扩散和接收过程的数学模型进行合并，给出了PMC模式的统一模型。最后，介绍了PMC模式涉及的通信理论和技术。

2.1　PMC 的通信架构

为被动分子通信(PMC)建模的第一步是给出一个 PMC 功能的抽象通信架构，如图 2.1 所示。这个架构中的 PMC 可以被分为 3 个主要阶段。第一阶段是分子的发射，发射纳米机器(TN)将信使分子发射到媒质中。第二阶段包括发射分子的扩散。最后一个阶段是分子的接收，接收纳米机器(RN)接收在其附近的分子。在本章中，RN 被假定为完全吸收与它表面接触的分子。换句话说，RN 被认为是完美的吸收体。因此，本章引入了基于完美吸收体 PMC 的概念。接下来，将会详细阐述这 3 个阶段。

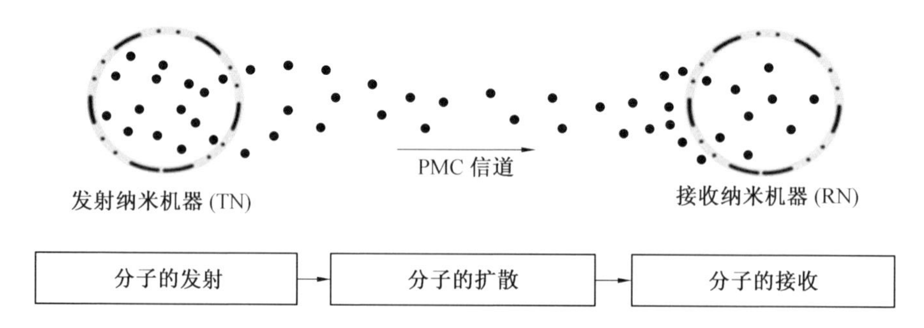

图 2.1　发射纳米机器(TN)和接收纳米机器(RN)之间被动分子通信(PMC)的抽象架构

2.2　分子的发射

在PMC中，TN负责信使分子的发射。发射的信使分子承载信息，并从TN向RN传播。在自然界中，有许多用于生物系统中不同重要任务的携带信息的信使分子类型。例如，内分泌激素、局部介质(如细胞因子)、神经递质(如多巴胺、组胺)、细胞内信使(如环状AMP)和DNA/RNA分子是生物系统使用的信使分子。另外，信使分子也可以是为了特定目的而合成的，正如前面展示的药物递送过程，可以使用纳米颗粒靶向锁定特定的组织类型[30,35]。

我们假设TN可以合成信使分子并以一定发射速率η发射到介质中，$\bar{S}$是TN中等待被发射的分子，S是已经被发射并开始在媒质中扩散的分子，如图2.2所示。因此，TN的分子发射过程可以被表征为从$\bar{S}$到S的转换：

$$S:\bar{S}\xrightarrow{\eta}S \tag{2.1}$$

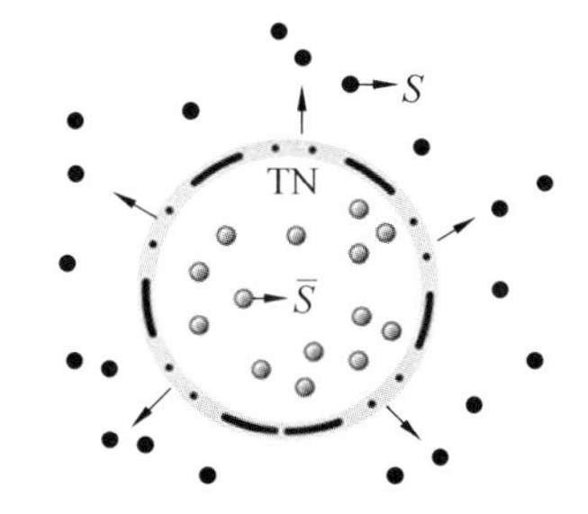

图2.2　TN的分子发射过程

假定$x_1(t)$和$x_2(t)$分别是$\bar{S}$和S中的分子数量，初始化为$x_1(0)=n$和$x_2(0)=0$。由于$x_1(t)+x_2(t)=n$，因此$x_2(t)=n-x_1(t)$。根据发射速率η，$x_1(t)$和$x_2(t)$对时间的导数可以表示为

$$\frac{\mathrm{d}\boldsymbol{x}(t)}{\mathrm{d}t}=\boldsymbol{A}\boldsymbol{x}(t) \tag{2.2}$$

其中

$$\boldsymbol{x}(t)=\begin{bmatrix}x_1(t)\\x_2(t)\end{bmatrix},\quad \boldsymbol{A}=\begin{bmatrix}-\eta & 0\\ \eta & 0\end{bmatrix} \tag{2.3}$$

由初始条件$x_1(0)=n$，式(2.2)的解为

$$x_1(t)=n\mathrm{e}^{-\eta t},\quad x_2(t)=n(1-\mathrm{e}^{-\eta t}) \tag{2.4}$$

事实上，假定$\bar{S}$和S分别表示状态一和状态二，分子的发射过程可以被看作从状态一到状态二的转化过程。在这种情况下，分子$\bar{S}$是状态一或者状态二。如果它没有被发射，那么它处于状态一；反之，它就不再处于状态一而处于状态二。

令 $p_i(t)$ 表示任何选定分子处于状态一或状态二的概率。基于发射速率 η,$p_i(t)$ 对时间的导数可以从文献[19,20,26,32]中得出:

$$\frac{\mathrm{d}\boldsymbol{p}(t)}{\mathrm{d}t}=\boldsymbol{A}\boldsymbol{p}(t) \tag{2.5}$$

其中,$\boldsymbol{A}$ 已在式(2.3)中给出,并且

$$\boldsymbol{p}(t)=\begin{bmatrix}p_1(t)\\p_2(t)\end{bmatrix} \tag{2.6}$$

最初,只有 n 个分子 $\bar{S}$。因此,$p_1(0)=1, p_2(0)=0$。基于此初始条件,由式(2.5)可以得到

$$p_1(t)=\mathrm{e}^{-\eta t},\quad p_2(t)=1-\mathrm{e}^{-\eta t} \tag{2.7}$$

由于任何选定的分子处于状态一或者状态二,$p_1(t)+p_2(t)=1$。根据 $p_i(t), i\in\{1,2\}$,$x_1(t)$ 和 $x_2(t)$ 的联合概率分布 $P(x_1,x_2,t)$ 可以通过下面的多项式分布给出:

$$P(x_1,x_2,t)=\frac{n!\ [p_1(t)]^{x_1}[p_2(t)]^{x_2}}{x_1!\ x_2!} \tag{2.8}$$

由于输入信号中包含发射的 S 分子,$x_2(t)$ 是输入信号,利用 $x_1(t)+x_2(t)=n$ 和 $p_1(t)+p_2(t)=1$,则 $P(x_1,x_2,t)$ 可以转化为输入信号的分布,即 $P(x_2,t)$,并表示为

$$P(x_2,t)=\frac{n!\ [1-p_2(t)]^{n-x_2}[p_2(t)]^{x_2}}{(n-x_2)!\ x_2!} \tag{2.9}$$

通过忽略 x_2 和 $p_2(t)$ 中的下角标,信道输入分布 $P(x,t)$ 可以由下式给出:

$$P(x,t)=\frac{n!\ [\mathrm{e}^{-\eta t}]^{n-x}[1-\mathrm{e}^{-\eta t}]^{x}}{(n-x)!\ x!}=\begin{pmatrix}n\\x\end{pmatrix}[\mathrm{e}^{-\eta t}]^{n-x}[1-\mathrm{e}^{-\eta t}]^{x} \tag{2.10}$$

$P(x,t)$ 表征了 PMC 中分子发射阶段的动态统计。为了直观地了解 $P(x,t)$ 如何随 x 值的不同变化,在图 2.3 中,设定 $n=100$ 和 $\eta=0.02$,给出了不同 x 时,$P(x,t)$ 随时间的变化。当 x 增加时,$P(x,t)$ 的曲线右移并变宽。这表示,当 x 增加时,发射一定数目分子所需的时间延迟的方差变高。图 2.3 中,发射 10 个分子($x=10$)需要的延时是 2 s 到 12 s,可是在 $x=40$ 时,延时变为 15 ~ 40 s。为了给出发射速率 η 对 $P(x,t)$ 的影响,图 2.4 中给出了在不同 η 值时 $P(x,t)$ 随时间的变化曲线。随着 η 的增加,$P(x,t)$ 曲线左移并变

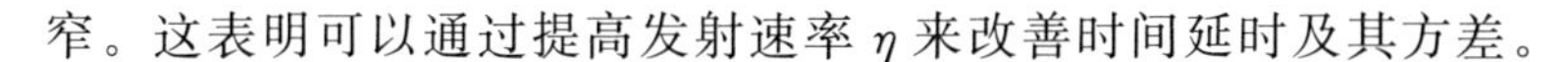

窄。这表明可以通过提高发射速率 η 来改善时间延时及其方差。

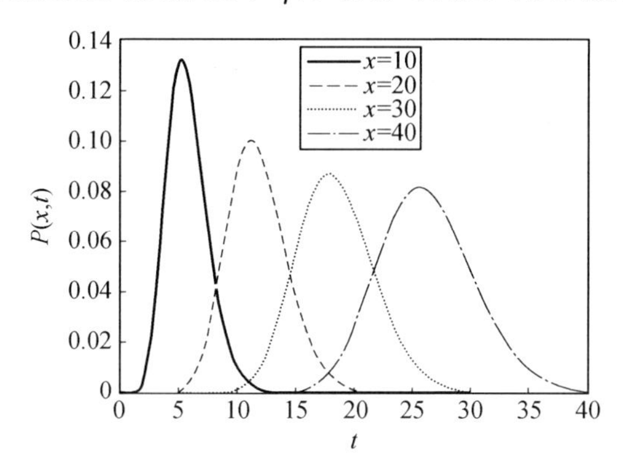

图 2.3　不同 x 值时，$P(x,t)$ 随时间 t 的变化曲线

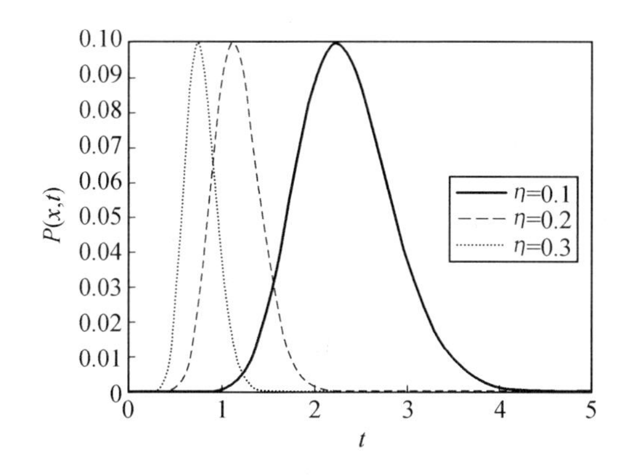

图 2.4　不同 η 值时 $P(x,t)$ 随时间 t 的变化曲线

在下面的章节中，通过广泛讨论随机游走和扩散现象的物理背景，对发射分子的扩散阶段进行建模。

2.3　分子的扩散

在 TN 将信使分子发射到媒质中去后，信使分子开始扩散。由于热能，扩散是分子的随机运动过程。分子沿着每个轴都具有 $kT/2$ 的动能，其中 T 是绝对温度，k 是玻耳兹曼常数。由于每个粒子质量为 m，在 x 轴的速度为 v_x，则粒子的动能可以表示为 $mv_x^2/2$。这样的动能本质上是波动的。然而，通过将 $\langle mv_x^2/2\rangle$ 和 $kT/2$ 等同，可得

$$\langle v_x^2 \rangle = \frac{kT}{m} \tag{2.11}$$

其中,$\langle\cdot\rangle$ 表示随着时间推移或相似分子的集合的平均值。

根据式(2.11),均方根速度为

$$\langle v_x^2 \rangle^{1/2} = \left(\frac{kT}{m}\right)^{1/2} \tag{2.12}$$

式(2.12)中的均方根速度近似值可以用于估计分子的瞬时速度[10]。例如,一种蛋白质分子溶菌酶的质量 $m=2.3\times10^{-20}$ g,在 300 K(27 ℃)温度时,kT 是 4.14×10^{-14} g·cm²/s²。因此,借助式(2.12),可以估计出均方根速度 $\langle v_x^2 \rangle^{1/2}=1.3\times10^3$ cm/s。尽管溶菌酶分子具有相当大的速度,可是在水性介质中,它经常与水分子发生碰撞,因此,它不能运动很远,这会导致蛋白质分子的随机游走[10]。为了理解扩散传播过程中的主要原理,首先讨论一维的随机游走,然后,将其扩展到二维和三维的情况。

2.3.1 随机游走

考虑一维的随机游走过程。假设分子开始于时间 $t=0$ 和位置 $x=0$,并进行随机游走。这些分子中一个分子的随机游走过程如图 2.5 所示。

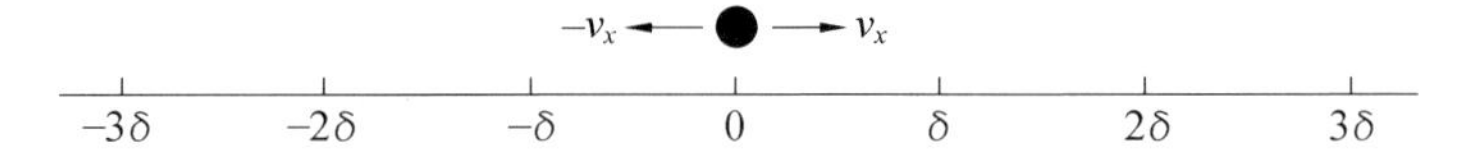

图 2.5 一个分子从原点开始,并向左右以均等概率(时间步长 τ;步长 $\delta=\pm v_x\tau$)运动的一维随机游走过程

分子的随机游走会受到下列规则的约束[10]:

(1) 在每个时间步长 τ,每个分子以 $\pm v_x$ 的速度和步长 $\pm v_x\tau$ 向左或向右运动。

(2) 每一步向左或向右的概率是均等的,都是 0.5。连续的步之间是统计独立的且无偏的。

(3) 每个分子的运动独立于其他分子,分子之间不相互影响。

考虑 N 个分子的集合,$x_i(n)$ 表示第 i 个分子在第 n 步后的位置。根据上面定义的约束(1),第 i 个分子在时间 n 的位置,即 $x_i(n)$,可以写成

$$x_i(n) = x_i(n-1) \pm \delta \tag{2.13}$$

考虑所有的 N 个分子,利用约束(2)和约束(3),式(2.13)中的“+”号适

用于一半分子,“−”号适用于另一半的分子。因此,n 步之后分子的平均位移,即 $\langle x(n)\rangle$,可以通过下式计算:

$$\langle x(n)\rangle = \frac{1}{N}\sum_{i=1}^{N} x_i(n) = \frac{1}{N}\sum_{i=1}^{N}[x_i(n-1) \pm \delta] \tag{2.14}$$

由于符号“+”和“−”分别适用于半数的分子,式(2.14)中的 $\pm\delta$ 项可以近似为0,$\langle x(n)\rangle$ 可以表示为

$$\begin{cases} \langle x(n)\rangle = \dfrac{1}{N}\displaystyle\sum_{i=1}^{N} x_i(n-1) \\ \langle x(n)\rangle = \langle x(n-1)\rangle \end{cases} \tag{2.15}$$

式(2.15)揭示了一个有趣的结论:步与步之间,分子的平均位置不发生变化。然而,这有可能会决定分子能够传播的距离。因此,分子的平均均方位移 $\langle x^2(n)\rangle$ 表示为

$$\langle x^2(n)\rangle = \frac{1}{N}\sum_{i=1}^{N} x_i^2(n) \tag{2.16}$$

式(2.16)可以用于测量扩散过程。利用式(2.13),$x_i^2(n)$ 如下式所示:

$$x_i^2(n) = x_i^2(n-1) \pm 2\delta x_i(n-1) + \delta^2 \tag{2.17}$$

通过将 $x_i^2(n)$ 代入到式(2.16)中,可以得到

$$\langle x^2(n)\rangle = \frac{1}{N}\sum_{i=1}^{N}[x_i^2(n-1) \pm 2\delta x_i(n-1) + \delta^2] = \langle x^2(n-1)\rangle + \delta^2 \tag{2.18}$$

由于假定0时刻所有的分子都位于坐标原点,即对于任意的 i,$x_i(0)=0$,时刻0的分子的均方位移 $\langle x^2(0)\rangle$ 为0。因此,基于式(2.18)中的结果,可以很容易地推断出 $\langle x^2(1)\rangle=\delta^2$,$\langle x^2(2)\rangle=2\delta^2$,…,$\langle x^2(n)\rangle=n\delta^2$。这个结果的物理解释是均方位移随着步数 n 的增加而增加,均方根位移随着步数 n 的平方根的增加而增加。由于每一步持续 τ s,步数 n 可以表示为 $n=t/\tau$,均方位移随时间变化的函数 $\langle x^2(t)\rangle$ 表示为

$$\langle x^2(t)\rangle = \left(\frac{t}{\tau}\right)\delta^2 = \left(\frac{\delta^2}{\tau}\right)t \tag{2.19}$$

通过将 $\delta^2/(2\tau)$ 作为分子的扩散系数,即 $D=\delta^2/(2\tau)\ \mathrm{cm^2/s}$,式(2.19)的均方位移和均方根位移可以写为

$$\langle x^2\rangle = 2Dt,\quad \langle x^2\rangle^{1/2} = (2Dt)^{1/2} \tag{2.20}$$

为便于表示,$\langle x^2(t)\rangle$ 中的 t 被舍弃,因此,$\langle x^2\rangle$ 代表$\langle x^2(t)\rangle$。扩散系数反映了分子在给定温度下的迁移能力。扩散系数主要取决于粒子的大小、介质的结构和绝对温度。例如,水中小分子的扩散系数 $D\simeq 10^{-5}\ \mathrm{cm^2/s}$。此粒子扩散 $x=10^{-3}$ cm 的距离需要的时间为 $t\simeq x^2/2D=5\times10^{-2}$ s。然而,其扩散 $x=1$ cm 却需要 5×10^4 s。

和分子一维的随机游走(沿着 x 轴)类似,二维和三维的随机游走也可以通过上述相似的方法分析出来。事实上,约束(1) 和约束(3) 可以直接应用到每个轴,即 x、y 和 z。此外,分子在 x、y 和 z 方向上的运动是统计独立的。然后,类似于式(2.20) 中的$\langle x^2\rangle=2Dt$,可以得到$\langle y^2\rangle=2Dt$ 和$\langle z^2\rangle=2Dt$。更具体地,在二维的情况下,从原点到点(x,y) 的距离的平方 $r^2=x^2+y^2$。因此,对于二维:

$$\langle r\rangle^2=4Dt \tag{2.21}$$

类似地,对于三维,$r^2=x^2+y^2+z^2$,可以得到[10]

$$\langle r\rangle^2=6Dt \tag{2.22}$$

图 2.6 给出了步长 $\delta=0.01$ cm 和时间步长 $\tau=0.000\ 01$ s时的粒子二维随机游走的模拟效果。在接下来的章节中,基于前面介绍的确定性特征,给出分子随机游走的统计特征。

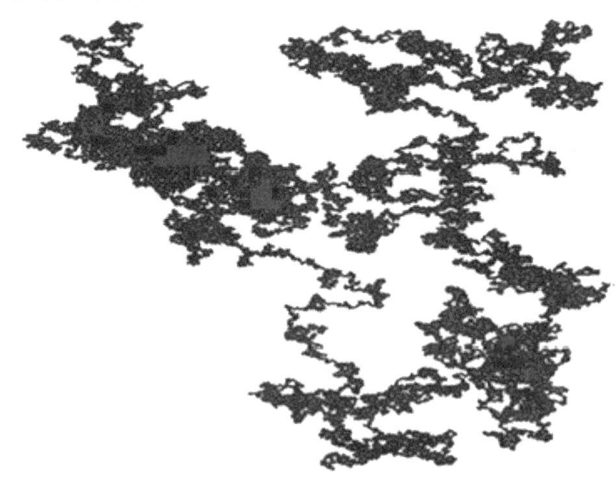

图 2.6　粒子二维随机游走模拟效果图

(模拟持续 1 s,步长 $\delta=0.01$ cm,时间步长 $\tau=0.000\ 01$ s)

2.3.2　随机游走的统计特征

首先，讨论沿着 x 轴的一维随机游走的统计特征。假设分子步进到右边的概率为 p，步进到左边的概率为 q。由于分子的运动是一维的，$q=1-p$①。假定总步数为 n，分子 k 次都步进至右边的概率可以通过下面的二项式分布给出：

$$P(k:n,p)=\frac{n!}{k!\ (n-k)!}p^k q^{(n-k)} \tag{2.23}$$

n 步结束后，分子的总位移 $x(n)$ 可以通过将左、右的步数分别提取出来获得：

$$x(n)=[k-(n-k)]\delta=(2k-n)\delta \tag{2.24}$$

其中，δ 是 2.3.1 节中介绍的分子步长。

接下来，分子的平均位移 $\langle x(n)\rangle$ 可以写为

$$\langle x(n)\rangle=(2k-n)\delta \tag{2.25}$$

遵从式(2.23) 中的二项式分布，则式(2.25) 中 $\langle k\rangle$ 可以写作 $\langle k\rangle=np$。进一步，分子的均方位移为

$$\langle x^2(n)\rangle=\langle[(2k-n)\delta]^2\rangle=(4\langle k^2\rangle-4\langle k\rangle n+n^2)\delta^2 \tag{2.26}$$

其中，$\langle k^2\rangle=(np)^2+npq$。在 $p=q=1/2$ 情况下，$\langle x(n)\rangle=0$，$\langle x^2(n)\rangle=n\delta^2$，由于在 2.3.1 节中已经获得了这种情况的结果，因此这也是我们期望的情况。每个分子的步数是极高的。例如，给定瞬时速度 $v_x=\delta/\tau\simeq 10^3$ cm/s 和扩散系数 $D=\delta^2/2\tau\simeq 10^{-6}$ cm^2/s，分子的步进速率是10^{12} 步/s。因此，应该考虑对分子位移的限制。事实上，对于 n 和 np 很大的情况，式(2.23) 中二项式分布的渐进极限是一个高斯分布或者正态分布。基于阶乘的斯特林逼近，即

$$n!\ \simeq(2\pi n)^{1/2}\left(\frac{n}{e}\right)^n \tag{2.27}$$

等同于式(2.23) 中二项式分布的高斯分布可以表示为

$$P(k)\mathrm{d}k=\frac{1}{\sqrt{2\pi\sigma^2}}\mathrm{e}^{\frac{-(k-\mu)^2}{2\sigma^2}}\mathrm{d}k \tag{2.28}$$

其中，$P(k)\mathrm{d}k$ 是 k 和$(k+\mathrm{d}k)$ 之间的概率，$\mu=\langle k\rangle=np$，$\sigma^2=npq$。通过将

① 注意到在 2.2 节中，p 和 q 被设定为 $p=q=1/2$。这里给出的分析可以看作是之前方法的广义版本。

$x=(2k-n)\delta, dx=2\delta\mathrm{d}k, p=q=1/2, t=n/\tau$ 和 $D=\delta^2/2\tau$ 代入,式(2.28)可以化简为

$$P(x,t)\mathrm{d}x=\frac{1}{\sqrt{4\pi Dt}}\mathrm{e}^{\frac{-x^2}{4Dt}}\mathrm{d}x \tag{2.29}$$

其中,$P(x,t)\mathrm{d}x$ 为分子在 x 和 $(x+\mathrm{d}x)$ 之间的概率。这是一个标准正态分布的概率密度函数,即 $\mathcal{N}(0,\sigma_x^2)$,方差 $\sigma_x^2=2Dt$[10]。在图2.7中,绘出了不同 t 值时,$P(x,t)$ 随 x 的变化情况。无论时间 t 为何值,$P(x,t)$ 的均值总是0,$P(x,t)$ 的方差却随 t 增加。由于 $\sigma_x^2=2Dt$,因此当时间 t 增加时,曲线变宽。对于二维和三维的随机游走扩散,从 x 轴获得的正态分布可以直接推广到 y 轴和 z 轴。在2.3.3节中,通过考虑随机游走现象的微观本质,推导了菲克方程(也称为扩散方程)。

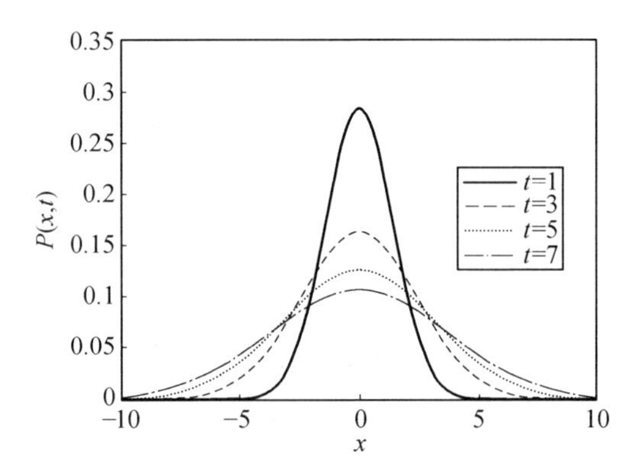

图2.7　分子在不同位置(x)处的概率 $P(x,t)$

2.3.3　菲克方程

菲克方程描述了扩散分子的时空分布。菲克方程的推导遵循随机游走的基本原则。$N(x)$ 和 $N(x+\delta)$ 分别表示 t 时刻在 x 轴上位置点 x 和 $(x+\delta)$ 处的粒子数,如图2.8所示。为了理解位置点 x 和 $(x+\delta)$ 处分子的时空分布,首先需要解决两个基本问题[10]:① 在单位时间内,单位面积上会有多少粒子从位置点 x 穿越到达位置点 $(x+\delta)$? ② x 方向的净通量(即 J_x)是多少?

在 $(t+\tau)$ 时刻,点 x 处一半的分子从左到右穿越虚线,点 $(x+\delta)$ 处一半的分子从右向左穿越虚线(图2.8),因此,可以得出穿越到右边的数目为 $-1/2[N(x+\delta)-N(x)]$。用该表达式除以 x 轴的单位垂直面积 A 和通过

的时间间隔 τ，净通量 J_x 表示为

$$J_x = -\frac{1}{2}\frac{[N(x+\delta)-N(x)]}{A\tau} \tag{2.30}$$

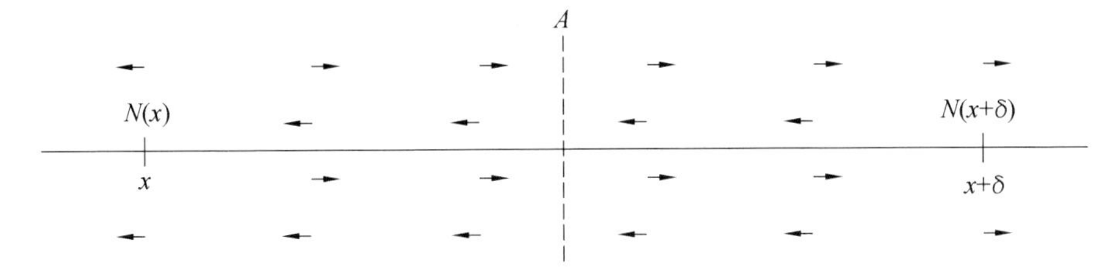

图 2.8　t 时刻在点 x 和$(x+\delta)$处的分子数

（在$(t+\tau)$时刻，$N(x)$ 和 $N(x+\delta)$ 中一半的分子步进到右边，而另一半分子步进到左边）

如前所述，扩散系数可以通过 $D=\delta^2/2\tau$ 计算；然后，通过代入 $\tau=\delta^2/2D$，J_x 可以进一步写成

$$J_x = -D\frac{1}{\delta}\left[\frac{[N(x+\delta)]}{A\delta}-\frac{N(x)}{A\delta}\right] \tag{2.31}$$

由于 $A\delta$ 是单位体积，因此式(2.31)中的 $N(x)/A\delta$ 和 $N(x+\delta)/A\delta$ 分别是点 x 和$(x+\delta)$处的分子浓度，令 $C(x)$ 和 $C(x+\delta)$ 分别表示这些浓度。则式(2.31)变为

$$J_x = -D\frac{1}{\delta}[C(x+\delta)-C(x)] \tag{2.32}$$

最后，当 $\delta\to 0$ 时，J_x 中的第二项变为 $C(x)$ 的微分，这导致

$$J_x = -D\frac{\partial C}{\partial x} \tag{2.33}$$

方程(2.33)被称为菲克第一方程，并可做如下解释：如果分子是均匀分布的，$\partial C/\partial x=0$，$J_x=0$。在这种情况下，分布不随时间改变，系统处于平衡状态。如果浓度 C 是 x 的线性方程，则 $\partial C/\partial x$ 和 J_x 是常量[10]。基于分子总数的守恒，按照式(2.33)中的方程可以导出菲克第二方程。假设图 2.9 所示的盒装区域面积为 A。在时间段 τ 内，从盒子左边进入的分子数是 $J_x(x)A\tau$，而从盒子右边离开的分子数是 $J_x(x+\delta)A\tau$。由于分子既不能被创造也不能被消灭，进入和离开盒子的浓度差(即 $A\delta$)必须满足

$$[C(t+\tau)-C(t)] = -\frac{[J_x(x+\delta)-J_x(x)]A\tau}{A\delta} \tag{2.34}$$

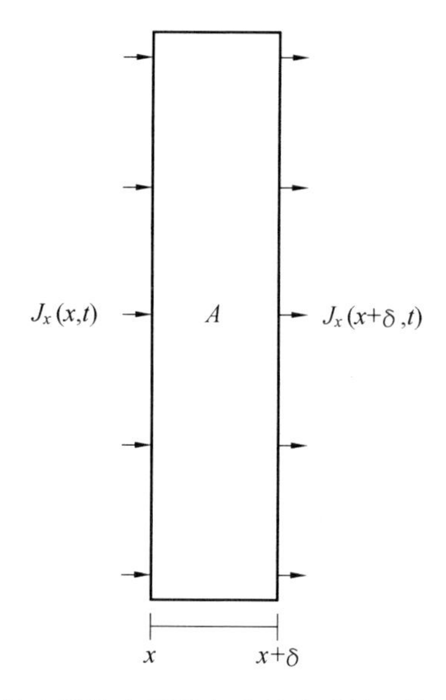

图 2.9　从左侧进入面积为 A 的盒子的通量 $J_x(x,t)$ 和从右侧离开盒子的通量 $J_x(x+\delta,t)$ 示意图

式(2.34)乘以 $1/\tau$,可以获得

$$\begin{aligned}\frac{1}{\tau}[C(t+\tau)-C(t)]&=-\frac{1}{\tau}\frac{[J_x(x+\delta)-J_x(x)]A\tau}{A\delta}\\&=-\frac{1}{\delta}[J_x(x+\delta)-J_x(x)]\end{aligned}\tag{2.35}$$

当 $\tau\to 0$ 和 $\delta\to 0$ 时,式(2.35)变为

$$\frac{\partial C}{\partial t}=-\frac{\partial J_x}{\partial x}\tag{2.36}$$

$$\frac{\partial C}{\partial t}=D\frac{\partial^2 C}{\partial x^2}\tag{2.37}$$

可以注意到,式(2.37)是通过将式(2.33)代入到式(2.36)中得到的。式(2.37)中的最终表达式是著名的菲克第二方程或者扩散方程。在三维情况下,对于 y 轴和 z 轴,式(2.37)应该至少多两项。由于分子沿着不同轴的运动是独立的,则沿着 y 轴和 z 轴的通量可以分别写作 $J_y=-D\dfrac{\partial C}{\partial y}$ 和 $J_z=-D\dfrac{\partial C}{\partial z}$。此外,通量 $\boldsymbol{J}$ 可表示为

$$\boldsymbol{J}=-D\text{grad } C\tag{2.38}$$

式(2.37)中的一维菲克第二方程也可以扩展到三维,其表达式如下:

$$\frac{\partial C}{\partial t}=D\,\nabla^2 C \tag{2.39}$$

其中,∇^2 是三维拉普拉斯方程,即 $\frac{\partial^2}{\partial x^2}+\frac{\partial^2}{\partial y^2}+\frac{\partial^2}{\partial z^2}$。

如果考虑的问题是球对称的,通量 J_r 和菲克方程可以表示为[10]

$$J_r=-D\,\frac{\partial C}{\partial r} \tag{2.40}$$

$$\frac{\partial C}{\partial t}=D\,\frac{1}{r^2}\,\frac{\partial}{\partial r}\left(r^2\,\frac{\partial C}{\partial r}\right) \tag{2.41}$$

上述均假设分子在介质中自由扩散。然而,分子很有可能受外力作用而产生漂移速度。对于这样的情况,上面导出的扩散方程需要进行一些修改。为此,假设分子在沿着 x 轴的一维随机游走过程中受外部施加的力 F_x 作用,如图2.10所示。力的结果导致粒子的加速度方向朝向右侧,即 $a=F_x/m$,其中 m 是分子的质量。

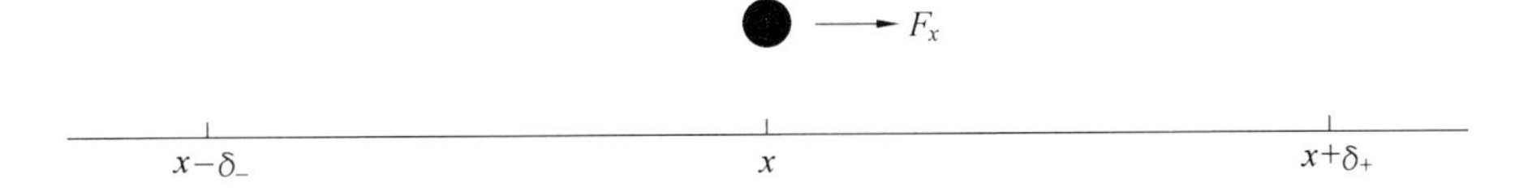

图2.10 分子在一维随机游走过程中受外力 F_x 的作用示意图

随着外力的作用,分子总是继续着一维随机游走。由于随机游走,分子每隔 τ 秒,就分别以 $+v_x$ 和 $-v_x$ 的速度向右侧或左侧步进。除了这些速度,还有平均牵引速度项(即 v_d),可以表示为

$$v_d=\frac{a\tau}{2}=F_x\,\frac{\tau}{2m} \tag{2.42}$$

因此,在每个 τ 的时间里,分子向右步进的距离 $\delta_+=v_x\tau+v_d\tau$ 或者向左步进的距离 $\delta_-=-v_x\tau+v_d\tau$(图2.10)。根据这些步骤,式(2.33)和式(2.37)中的菲克第一公式和菲克第二公式可以修改为[10]

$$J_x=-D\,\frac{\partial C}{\partial x}+v_d C \tag{2.43}$$

$$\frac{\partial C}{\partial t}=D\,\frac{\partial^2 C}{\partial x^2}-v_d\,\frac{\partial C}{\partial x} \tag{2.44}$$

对于漂移扩散中的细节,详见参考文献[10]。接下来,举例说明扩散方程

的一些解决方案。

2.3.4 扩散方程的解决方案示例

在不同的初始条件和边界条件下,扩散方程的解是可以获得的。随着这些条件的变化,可以获得许多不同的解决方案。一般情况下,解是一系列误差函数或者三角级数的形式。如果扩散发生在圆柱体中[17],三角级数可以由一系列的贝塞尔函数代替。在文献中,也有许多教科书和研究论文研究菲克方程(或扩散方程)的解决方案,例如,参考文献[17]是广泛讨论菲克方程的解决方法的重要教材。此外,热传导方程和菲克方程具有相同的解,因此,有关热传导方程的教材也可以用来理解如何解决扩散方程。例如,参考文献[14]是一本提供了许多不同初始条件和边界条件的扩散方程解决方案的典型教材。下面介绍一些解决方案的实例。

式(2.37)中涉及的一维扩散方程为

$$\frac{\partial C}{\partial t}=D\frac{\partial^2 C}{\partial x^2} \tag{2.45}$$

很容易证明任意常数 K 时,式(2.45)的解[17]为

$$C=\frac{K}{\sqrt{t}}\mathrm{e}^{-\frac{x^2}{4Dt}} \tag{2.46}$$

假设 M 个分子是在时间 $t=0$ 时刻,在笛卡儿坐标系统的原点被释放。然后,借助式(2.46),M 可以表示为

$$M=\int_{-\infty}^{\infty}C\mathrm{d}x=\int_{-\infty}^{\infty}\frac{K}{\sqrt{t}}\mathrm{e}^{-\frac{x^2}{4Dt}}\mathrm{d}x \tag{2.47}$$

对 x 进行变量代换:

$$\frac{x^2}{4Dt}=a^2,\quad \mathrm{d}x=2\sqrt{Dt}\,\mathrm{d}a \tag{2.48}$$

则 M 可以写作

$$M=2K\sqrt{D}\int_{-\infty}^{\infty}\mathrm{e}^{-a^2}\mathrm{d}a=2K\sqrt{\pi D} \tag{2.49}$$

因此,$K=\dfrac{M}{2\sqrt{\pi D}}$,通过将 K 代入到式(2.46)中,C 可以表示为

$$C=\frac{M}{\sqrt{4\pi Dt}}\mathrm{e}^{-\frac{x^2}{4Dt}} \tag{2.50}$$

类似地，二维和三维的扩散方程分别满足

$$C=\frac{K}{t}\mathrm{e}^{\frac{-(x^2+y^2)}{4Dt}},\quad C=\frac{K}{t^{3/2}}\mathrm{e}^{\frac{-(x^2+y^2+z^2)}{4Dt}} \tag{2.51}$$

按照一维扩散方程中使用的步骤，二维和三维的扩散方程的解分别为[17]

$$C=\frac{M}{4\pi Dt}\mathrm{e}^{\frac{-(x^2+y^2)}{4Dt}} \tag{2.52}$$

$$C=\frac{M}{(4\pi Dt)^{3/2}}\mathrm{e}^{\frac{-(x^2+y^2+z^2)}{4Dt}} \tag{2.53}$$

式(2.53)中的 C/M 如图 2.11 所示。随着 t 的增加，曲线变宽，并且在 $r=0$ 处的峰值下降。这是因为随着时间的推移，分子在介质中不断地扩散。

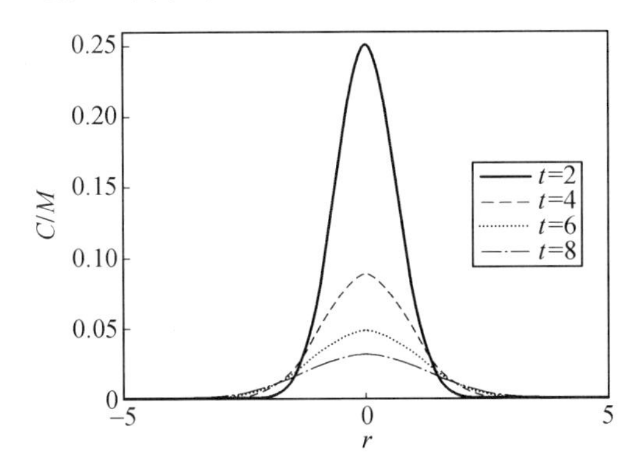

图 2.11　不同 t 值时，式(2.53)中的 C/M 随 $r=\sqrt{x^2+y^2+z^2}$ 的变化曲线

如果假定分子以一定速率 $\eta(t)$ 发射，而不是瞬时发射，然后在时刻 t，距离为 $r=\sqrt{x^2+y^2+z^2}$ 处的分子浓度可以通过将式(2.53)整合成[13]

$$C=\int_0^t \frac{\eta(t')}{[4\pi D(t-t')]^{3/2}}\mathrm{e}^{\frac{-r^2}{4D(t-t')}}\mathrm{d}t' \tag{2.54}$$

如果发射速率 $\eta(t)$ 是常量，即 $\eta(t)=\eta$，则

$$C=\frac{\eta}{4\pi Dr}\mathrm{erfc}\left(\frac{r}{\sqrt{4Dt}}\right) \tag{2.55}$$

其中，erfc(•)是互补误差函数。推导方面的细节见参考文献[13]。图 2.12 展示了不同 r 值时，式(2.55)中的 C 随时间 t 的变化曲线。对于不同的 r 值，可以看出随着 r 的增加，C 反而降低。这对于无限介质中分子的自由扩散是成立的。随着时间的进行，C 开始收敛。这源于式(2.55)中互补误差函数的特性。

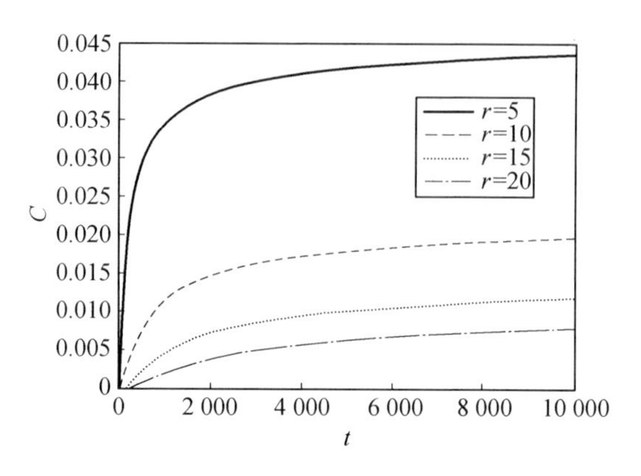

图 2.12　不同 r 值时,式(2.55)中的 C 随时间 t 的变化曲线

值得注意的是,对于 $M=1$,式(2.50)的解和式(2.29)中给出的分子位置的概率密度函数是相同的。

$$P(x,t)=\frac{1}{\sqrt{4\pi Dt}}e^{\frac{-x^2}{4Dt}} \tag{2.56}$$

这意味着在一维情况下的分子位置概率密度函数满足扩散方程。使用这一分布,分子运动距离 d 所需的延时的概率分布可以表示为

$$f(t)=\frac{d}{\sqrt{4\pi Dt^3}}e^{\frac{-d^2}{4Dt}} \tag{2.57}$$

进一步地,如果介质中有一个固定的漂移速度 v,则式(2.56)和式(2.57)可写为①

$$P(x,t)=\frac{1}{\sqrt{4\pi Dt}}e^{\frac{-(x-vt)^2}{4Dt}} \tag{2.58}$$

$$f(t)=\frac{d}{\sqrt{4\pi Dt^3}}e^{\frac{-(vt-d)^2}{4Dt}} \tag{2.59}$$

除了式(2.50)、式(2.52)、式(2.53)和式(2.55)中瞬时和恒定发射模式的解决方案,对于更一般的发射模式,扩散方程的解也可以给出[2]。在这里,给出了这些广义发射模式的扩散方程的一些解决方案。首先,我们将式(2.39)中的扩散方程重写如下:

$$\frac{\partial C}{\partial t}=D\nabla^2 C \tag{2.60}$$

① 对于式(2.57)~式(2.59)推出的细节,参见参考文献[27-29]。

假定球体坐标系(r,θ,ϕ)，其中，r 表示到原点的距离，θ 和 ϕ 分别是天顶角和方位角。无量纲的变量 x 和 τ 定义如下：

$$x=\frac{r}{a},\quad \tau=\frac{Dt}{a^2} \tag{2.61}$$

其中，a 是 TN 的半径。

基于这些变量，式(2.60) 可以修正为

$$\frac{\partial C}{\partial \tau}=\nabla^2 C \quad (x>1) \tag{2.62}$$

其中

$$\nabla^2 \equiv \frac{1}{x^2}\left[\frac{\partial}{\partial x}\left(x^2\frac{\partial}{\partial x}\right)+\frac{1}{\sin\theta}\frac{\partial}{\partial\theta}\left(\sin\theta\frac{\partial}{\partial\theta}\right)+\frac{1}{\sin^2\theta}\frac{\partial^2}{\partial\phi^2}\right] \tag{2.63}$$

从 TN 表面分子的分泌速率和距离 TN 无限远处的浓度给出了两个边界条件：

$$\frac{\partial C}{\partial x}=-\frac{aF_0(\theta,\phi)}{D}g(\tau) \quad (x=1) \tag{2.64}$$

$$C\rightarrow 0,\quad x\rightarrow\infty \tag{2.65}$$

其中，$g(\tau)$ 和 $F_0(\theta,\phi)$ 确定了 TN 表面分泌的时间、空间变化，并且它们被假定为可分离的功能。应注意到，$x=1$ 意味着 $r=a$(见式(2.61))。文献[2] 给出了式(2.62) 解的一般方法。在这里，仅介绍以下 4 种不同情况的解决方案。

(1) 假设 TN 球形表面的发射速率是均匀分布的，分泌的时间相关性是稳定的。因此，对于这种情况，式(2.64) 中的边界条件可以确定为

$$\frac{aF_0(\theta,\phi)}{D}=\hat{F}_0,\quad g(\tau)=H(\tau) \tag{2.66}$$

其中，$H(\tau)$ 是单位阶跃函数；$\hat{F}_0$ 是归一化浓度，并且在方向上是独立的。

基于这些设定，式(2.62) 的解为

$$C(\xi,\tau)=\frac{1}{1+\xi}\left[\operatorname{erfc}\left(\frac{\xi}{2\sqrt{\tau}}\right)-e^{\xi+\tau}\operatorname{erfc}\left(\frac{\xi}{2\sqrt{\tau}}+\sqrt{\tau}\right)\right] \tag{2.67}$$

其中，为了简化，令 $\xi=x-1$；$\operatorname{erfc}(\cdot)$ 是互补误差函数。

在图 2.13 中，展示了不同 ξ 值时，$C(\xi,\tau)$ 随 τ 的变化曲线。

(2) 如果考虑发射过程中的方向性偏好，式(2.66) 中的边界条件变为

$$\frac{aF_0(\theta,\phi)}{D}=\hat{F}_0\cos\theta,\quad g(\tau)=H(\tau) \tag{2.68}$$

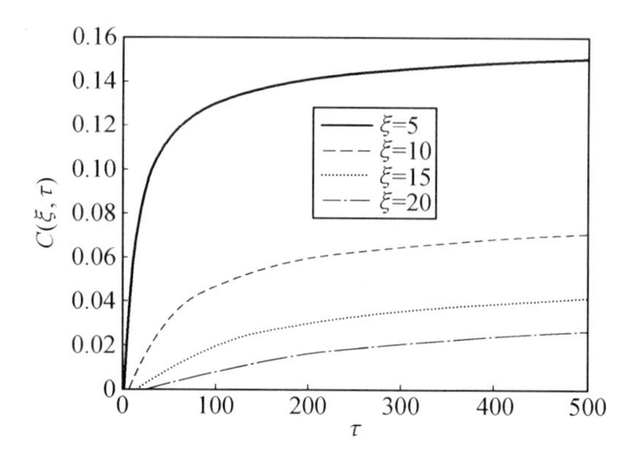

图 2.13　不同 ξ 时,$C(\xi,\tau)$ 随 τ 的变化曲线

这样一个具有方向性的释放模式意味着:

对于 $\theta=0$,由于 $\cos 0=1$,TN 以恒定的速率 $D\hat{F}_0/a$ 在其北极释放分子。

对于 $\theta=\pi$,由于 $\cos \pi=-1$,TN 像 RN 一样以 $D\hat{F}_0/a$ 的恒定速率在南极吸收分子。对于这种吸收,假设 TN 的周围存在一种恒定浓度的分子。

随着 θ 从 0 变化到 2π,TN 发射和吸收的分子的数目是相同的,所以 TN 的总的分泌速率是 0。

基于这一边界条件,扩散方程的解可以表示为

$$C(\xi,\theta,\tau)=\frac{\cos\theta}{4(1+\xi)^2}\left\{2\operatorname{erfc}\left(\frac{\xi}{2\sqrt{\tau}}\right)+\right.$$
$$\mathrm{i}\left[(2\xi+1+\mathrm{i})\operatorname{erfc}\left(\sqrt{2\mathrm{i}\tau}+\frac{\xi}{2\sqrt{\tau}}\right)\mathrm{e}^{\xi+\mathrm{i}(\xi+2\tau)}-\right.$$
$$\left.\left.(2\xi+1-\mathrm{i})\operatorname{erfc}\left(\sqrt{-2\mathrm{i}\tau}+\frac{\xi}{2\sqrt{\tau}}\right)\mathrm{e}^{\xi-\mathrm{i}(\xi+2\tau)}\right]\right\} \tag{2.69}$$

尽管给出的解包含复数项,它却总是能获得实数值。式(2.69)可以简化为

$$C(\xi,\theta,\tau)=\frac{\cos\theta}{2(1+\xi)^2}\left\{\operatorname{erfc}\left(\frac{\xi}{2\sqrt{\tau}}\right)+\right.$$
$$\left.\operatorname{Im}\left[(2\xi+1-\mathrm{i})\operatorname{erfc}\left(\sqrt{-2\mathrm{i}\tau}+\frac{\xi}{2\sqrt{\tau}}\right)\mathrm{e}^{\xi-\mathrm{i}(\xi+2\tau)}\right]\right\} \tag{2.70}$$

(3) 如果 TN 的表面发射是均匀分布,并且在时间上是指数衰减的,边界条件则变为

$$\frac{aF_0(\theta,\phi)}{D}=\hat{F}_0,\quad g(\tau)=H(\tau)\mathrm{e}^{-p\tau} \tag{2.71}$$

其中，p 是无量纲的常数。

其对应的解是

$$C(\xi,\tau)=\frac{1}{(1+\xi)(1+p)}\left\{-\operatorname{erfc}\left(\frac{\xi}{2\sqrt{\tau}}+\sqrt{\tau}\right)e^{\xi+\tau}+\right.$$

$$\left.\operatorname{Re}\left[(1+\mathrm{i}\sqrt{p})\operatorname{erfc}\left(\mathrm{i}\sqrt{p\tau}+\frac{\xi}{2\sqrt{\tau}}\right)e^{-p\tau+\mathrm{i}\sqrt{p}\xi}\right]\right\} \tag{2.72}$$

(4) 如果假定具有方向性和指数衰减，边界条件变为

$$\frac{aF_0(\theta,\phi)}{D}=\hat{F}_0\cos\theta,\quad g(\tau)=H(\tau)e^{-p\tau} \tag{2.73}$$

其对应的解为

$$C(\xi,\theta,\tau)=\frac{\cos\theta}{(1+\xi)^2(4+p^2)}\times$$

$$\left\{\operatorname{Re}\left[-(p-2\mathrm{i})(2\xi+1+\mathrm{i})\operatorname{erfc}\left(\sqrt{2\mathrm{i}\tau}+\frac{\xi}{2\sqrt{\tau}}\right)e^{\xi+\mathrm{i}(\xi+2\tau)}\right]+\right.$$

$$\left.[1-\mathrm{i}\sqrt{p}(1+\xi)][1+(1+\mathrm{i}\sqrt{p})^2]\operatorname{erfc}\left(\mathrm{i}\sqrt{p\tau}+\frac{\xi}{2\sqrt{\tau}}\right)e^{-p\tau+\mathrm{i}\sqrt{p}\xi}\right\}$$

$$\tag{2.74}$$

由于满足线性，上面给出的解决方案可以用于获得许多不同边界条件时的解。例如，对于边界条件 $aF_0(\theta,\phi)/D=\hat{F}_0(1+\cos\theta)$，可以通过叠加式(2.67) 和式(2.69) 的解来获得方程的解。应注意到，为了确定上面给出的解的长时间或者长距离特性，应当评估它们的极限近似。这样渐进性的评价可以在参考文献[2] 中找到。至此，2.3 节(分子的扩散) 就此结束。正如图 2.1 所示，在扩散阶段之后的分子接收阶段，到达接收纳米机器(RN) 附近的分子被接收。接下来将会讨论分子的接收。

2.4　分子的接收

在信使分子被 TN 发射后，它们按照前面所介绍的物理定律在介质中扩散。RN 可以看作一个吸收器，它可以完美地吸收与其表面接触的分子，或者使用一些表面受体来接收分子。在本节中，假定 RN 可以完美地吸收分子(完美吸收器)，将会导出使用完美吸收器接收分子的速率表达式。

2.4.1 完美吸收器的分子接收速率

在 PMC 模式中,TN 的行为类似于发射分子的源,RN 则表现得像接收分子的吸收器。介质中分子的分布是非均匀的。然而,分子的浓度达到一个稳定的状态,即邻近 TN 的区域浓度较高,邻近 RN 的区域浓度较低。在这一限制条件下,扩散方程(2.39)简化为[10]

$$\nabla^2 C = 0 \tag{2.75}$$

对于具备球对称特性的问题,式(2.75)变为

$$\frac{1}{r^2}\frac{\mathrm{d}}{\mathrm{d}r}\left(r^2\frac{\mathrm{d}C}{\mathrm{d}r}\right) = 0 \tag{2.76}$$

假设 RN 是无限介质中半径为 a 的球形完美吸收器,且直接吸收任何到达其表面的分子(图 2.14)。因此,在 $r=a$ 处的浓度为 0。此外,假定在 $r=\infty$ 处的浓度是 C_0。基于这些边界条件,式(2.76)的解是

$$C(r) = C_0\left(1 - \frac{a}{r}\right) \tag{2.77}$$

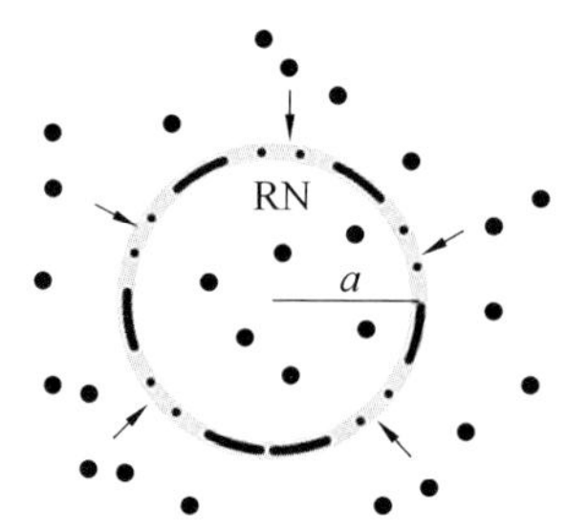

图 2.14 RN 接收在其附近自由徜徉的信使分子

(RN 可以看作一个吸收器,来吸收信使分子)

通过使用式(2.40),通量可以表示为

$$J_r(r) = -DC_0\frac{a}{r^2} \tag{2.78}$$

RN 吸收分子的扩散速率 I_0 可以用通量 $-J_r(a)$ 和 RN 表面面积 $4\pi a^2$ 相乘来获得:

$$I_0 = 4\pi DaC_0 \tag{2.79}$$

其中，I_0 是 RN 每秒吸收分子的速率。事实上，使用扩散电流问题的静电类比①，对于任意形状和大小的完全吸收体的稳态扩散电流，其一般表达式可以表示为

$$I = 4\pi D\zeta C_0 \tag{2.80}$$

其中，ζ 是厘米—克—秒单位制(cgs)下孤立导体的电容。使用式(2.80)中的 I，式(2.79)中的 I_0 也可以被再次推导。半径为 a 的球形吸收器 RN 的电容等于 cgs 单位制下的 a，即球形 RN 的 $\zeta = a$。通过将 $\zeta = a$ 代入式(2.80)，可以得到 $I_0 = 4\pi DaC_0$。

假设不是完美吸收体，RN 的表面有 N 批受体来吸收分子。为了给出这种 RN 的吸收速率，可以借助式(2.80)中的静电类比和一般扩散电流表达式。在静电类比中，带有 N 批受体的球形 RN 被类比为相同大小的绝缘球，其表面包括 N 个均匀分布的导电盘(半径为 s)。这一球体的电容 ζ[11] 为

$$\zeta = \frac{Nsa}{Ns + \pi a} \tag{2.81}$$

这一球体的扩散电流 I_1 可以通过将式(2.81)中的 ζ 代入到式(2.80)中的一般扩散电流表达式而获得，其表达式为

$$I_1 = 4\pi D\zeta C_0 = 4\pi DC_0\left(\frac{Nsa}{Ns + \pi a}\right) = I_0\left(\frac{Ns}{Ns + \pi a}\right) \tag{2.82}$$

从式(2.82)可以注意到，如果 RN 表面有成片的用于吸收分子的受体，RN 的扩散电流只是当前导出的 RN 是球形完美吸收器的扩散电流缩放版本。类似地，借助式(2.80)，可以得到半径为 s 的单侧盘状吸收体的扩散电流。吸收体的电容 $\zeta = s/\pi$。因此，通过将此电容代入式(2.80)，盘状吸收体的扩散电流 I_2 可以表示如下：

$$I_2 = 4DsC_0 \tag{2.83}$$

上面导出的扩散电流表达式在下面的部分中被广泛地使用。除了 RN 的粒子吸收速率，也可以导出 TN 释放的一个分子被 RN 捕获的概率，这将在以下部分进行介绍。

---

① 扩散电流的静电类比是基于时间的独立扩散方程 $\nabla^2 C = 0$ 和自由电荷空间的静电位 ϕ 的拉普拉斯方程 $\nabla^2\phi = 0$ 之间的类比。对于这方面的细节，详见参考文献[11]。

2.4.2 完美吸收器的分子捕获概率

假设分子由半径为 b 的球壳源释放,并且该球壳源在RN和半径为 c 的球壳吸收体之间,如图2.15所示。由于RN能够完美地吸收进入的分子,$r=a$ 处的浓度是0。在源的位置($r=b$),浓度达到最大值 C_m,然后在 $r=c$ 处再次减小为0,这是由于在 $r=c$ 处,按照假设存在一个吸收体。基于这些边界条件,式(2.76)有下面的解[10]:

$$C(r)=\begin{cases}\dfrac{C_m}{1-\dfrac{a}{b}}\left(1-\dfrac{a}{r}\right) & (a\leqslant r\leqslant b)\\[2ex] \dfrac{C_m}{1-\dfrac{c}{b}}\left(1-\dfrac{c}{r}\right) & (b\leqslant r\leqslant c)\end{cases} \tag{2.84}$$

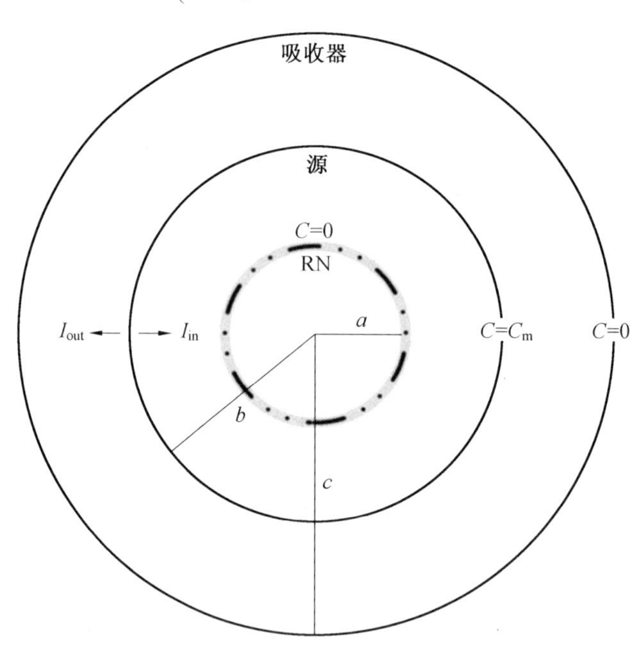

图2.15 RN吸收位于RN和半径为 c 的球壳吸收体之间的半径为 b 的球壳源发射的信使分子

对应的通量 $J_r(r)$ 为

$$J_r(r)=\begin{cases}-\dfrac{DC_m}{\left(1-\dfrac{a}{b}\right)}\dfrac{a}{r^2} & (a\leqslant r\leqslant b)\\ \dfrac{DC_m}{\left(\dfrac{c}{b}-1\right)}\dfrac{c}{r^2} & (b\leqslant r\leqslant c)\end{cases}\tag{2.85}$$

因此,RN的吸收速率 I_{in} 可以通过将 $-J_r(a)$ 与RN的表面积($4\pi a^2$)相乘导出,表示如下:

$$I_{in}=\frac{4\pi DC_m a}{1-\dfrac{a}{b}}\tag{2.86}$$

类似地,半径为 c 的外壳的吸收速率 I_{out} 可以通过将 $J_r(c)$ 与RN的表面积($4\pi c^2$)相乘来得出:

$$I_{out}=\frac{4\pi DC_m c}{\dfrac{c}{b}-1}\tag{2.87}$$

下式中比值可以看作在 $r=b$ 处释放的粒子被 $r=a$ 处的RN吸收的概率:

$$\frac{I_{in}}{I_{in}+I_{out}}=\frac{a(c-b)}{b(c-a)}\tag{2.88}$$

对于 $c\to\infty$ 的情况,这一概率可以简化为

$$\frac{I_{in}}{I_{in}+I_{out}}=\frac{a}{b}\tag{2.89}$$

这一比值可以解释为RN在无限介质中的捕获概率。应注意到,捕获概率也可以通过静电类比推得。对于这一推导的细节,详见参考文献[11]。接下来,基于随机游走的原理,推导出了分子发射后被RN捕获的平均时间的表达式。因此,这一时间也被称为平均捕获时间[10]。

2.4.3　平均捕获时间

假设在一维介质中,在 $x=m$ 处,一个分子被TN发射出来,两个RN分别位于 $x=0$ 和 $x=b$ 处来捕获分子。令 $W(m)$ 表示分子被两个RN之一捕获的平均时间。分子每隔 τ s 向左或向右步进 δ 的距离。在时刻 τ,分子有一半的概率位于($x+\delta$),另一半的概率位于($x-\delta$)处。这些位置的平均捕获时间分别为 $W(x+\delta)$ 和 $W(x-\delta)$。因此,$W(x)$ 的期望值为

$$W(x)=\tau+\frac{1}{2}[W(x+\delta)+W(x-\delta)] \tag{2.90}$$

式(2.90)两侧同时减去 $W(x)$,然后同乘 $2/\delta$,重新整理为

$$\frac{1}{\delta}[W(x+\delta)+W(x)]-\frac{1}{\delta}[W(x)-W(x-\delta)]+\frac{2\tau}{\delta}=0 \tag{2.91}$$

对于 $\delta\to 0$,式(2.91)的第一项和第二项变为 $W(x)$ 的微分,这使得

$$\left.\frac{\mathrm{d}W}{\mathrm{d}x}\right|_{x}-\left.\frac{\mathrm{d}W}{\mathrm{d}x}\right|_{x-\delta}+\frac{2\tau}{\delta}=0 \tag{2.92}$$

用 δ 同时除以两侧,并考虑微分的定义,式(2.92)可以表示为

$$\frac{\mathrm{d}^2W}{\mathrm{d}x^2}+\frac{1}{D}=0 \tag{2.93}$$

其中,$D=\delta^2/2\tau$ 在之前被定义过。对于适当的边界条件,方程(2.93)是可解的。在吸收边界位置(可以认为是 RN),捕获的平均时间是 0,即 $W=0$。因此,对于两个 RN 分别位于 $x=0$ 和 $x=b$ 位置的情况,$W(0)$ 和 $W(b)$ 都为 0。然后,对于这些边界条件,式(2.93)有如下的解:

$$W(x)=\frac{1}{2D}(bx-x^2) \tag{2.94}$$

例如,如果一个分子假定在 $x=b/2$ 处发射,然后平均捕获时间 $W(b/2)=b^2/8D$。此外,如果在 $x=0$ 和 $x=b$ 之间的任意位置被释放出来(在 $x=0$ 和 $x=b$ 之间是均匀的),平均捕获时间 τ 可以通过对 $W(x)$ 取平均获得,即

$$\tau=\frac{1}{b}\int_0^b W(x)\mathrm{d}x=\frac{b^2}{12D} \tag{2.95}$$

式(2.93)的二维或者三维的扩展为

$$\nabla^2W+\frac{1}{D}=0 \tag{2.96}$$

其中,∇^2 是二维或三维的拉普拉斯算子。

例如,假设半径为 s 的圆形吸收体,以半径为 b 的不可渗透边界为中心,通过采用参考文献[1]和[11]中的静电类比,对于这些设定,$W(x)$ 为

$$W(x)=\frac{2b^2\ln x-2b^2\ln s-x^2+s^2}{4D} \tag{2.97}$$

环形空间中所有起始点的 W 的平均值,即平均捕获时间 τ,可以如下给出:

$$\tau=\frac{1}{\pi(b^2-s^2)}\int_s^b 2\pi xW(x)\mathrm{d}x \tag{2.98}$$

$$\tau=\frac{b^4}{2D(b^2-s^2)}\ln\frac{b}{s}-\frac{3b^2-s^2}{8D} \tag{2.99}$$

除了这些，对于半径为 b 的球形容器中半径为 a 的球形吸收体，可以得到

$$W(x)=\frac{2b^3/a-2b^3/x+a^2-x^2}{6D} \tag{2.100}$$

这导致平均捕获时间[11]为

$$\tau=\frac{b^6}{3Da(b^3-a^3)}\left(1-\frac{9a}{5b}+\frac{a^3}{b^3}-\frac{a^6}{5b^6}\right) \tag{2.101}$$

在接下来的小节中，将对 RN 的浓度和精度感知的精度表达式进行推导。

2.4.4 完美吸收球体和完美监控球体的浓度感知精度

在式(2.79)中，推导出了 RN(半径为 a 的球形完美吸收器)的分子吸收速率，即 $I_0=4\pi DaC_0$。这一确定性的速率反映了单位时间内 RN 吸收分子的平均数目，它也使得 RN 感知并遵循周围的浓度变化。然而，由于分子运动的随机性，浓度检测总是存在不确定性。假设，在时间 T 内，RN 吸收击中其表面的分子。然后，时间 T 内吸收分子的平均数目 R 为

$$R=I_0T=4\pi DaC_0T \tag{2.102}$$

由于分子是彼此独立的，R 服从泊松分布，并且它的方差和均值相同，即 $\langle(\delta R)^2\rangle=\langle R\rangle$，其中，括号表示取平均值。因此，RN 的浓度测量具有不确定度[18]，如下式给出：

$$\frac{\langle(\delta C_0)^2\rangle}{C_0^2}=\frac{\langle(\delta R)^2\rangle}{\langle R\rangle^2}=\frac{1}{4\pi DaC_0T} \tag{2.103}$$

现在假设 RN 是一个完全监控球体，它将对其体内分子数的若干次统计独立的测量取平均来提高测量精度[11]。令 $m(t)$ 表示包含所有关于环境浓度 C_0 信息的 RN 的输出。借助 $m(t)$，C_0 的最佳估计可以表示为

$$C_0=\frac{3m_T}{4\pi a^3} \tag{2.104}$$

其中，m_T 是 $m(t)$ 在观测时间 T 内的平均值，并表示为

$$m_T=\frac{1}{T}\int_{t_1}^{t_1+T}m(t)\mathrm{d}t \tag{2.105}$$

假设这一估计在分离时间 $t_k(k\in\{1,2,\cdots\})$ 时重复进行，估计的精度取

决于 m_T 如何波动。m_T 的均方波动是$(\langle m_T^2\rangle-\langle m_T\rangle^2)$,其中括号表示大量独立运行的平均。$m_T$ 的平均$\langle m_T\rangle$ 为

$$\langle m_T\rangle=\frac{4\pi a^3 C_0}{3} \tag{2.106}$$

此外,m_T^2 可以表示为

$$m_T^2=\frac{1}{T^2}\int_{t_1}^{t_1+T}\mathrm{d}t'\int_{t_1}^{t_1+T}m(t)m(t')\mathrm{d}t \tag{2.107}$$

定义 $m(t)$ 的自相关函数 $G(\tau)$ 如下:

$$G(\tau)=\langle m(t)m(t+\tau)\rangle \tag{2.108}$$

注意到,$G(\tau)$ 是 τ 的偶函数,也就是说,$G(\tau)=G(-\tau)$,利用式(2.107) 和 $G(\tau)$,$\langle m_T^2\rangle$ 可以写作

$$\langle m_T^2\rangle=\frac{1}{T^2}\int_0^T\mathrm{d}t'\int_0^T G(t'-t)\mathrm{d}t \tag{2.109}$$

因此,确定$\langle m_T^2\rangle$ 需要知道 $G(\tau)$。为了获得 $G(\tau)$,假定一个半径为 O(远大于a) 的球形体积,内含数目为 B 的大量分子,且半径为 a 的 RN 也在其中。如果在 t 时刻,分子 j 在 RN 内,$w_j(t)$ 的值为 1,不在 $w_j(t)$ 的值则为 0。因此,$\langle w_j\rangle=a^3/O^3$,且 $G(\tau)$ 可以如下给出:

$$\begin{aligned}G(\tau)&=\langle m(t)m(t+\tau)\rangle\\&=\langle\sum_{j=1}^{B}w_j(t)w_j(t+\tau)\rangle+\langle\sum_{j\neq 1}^{B}\sum_{i=1}^{B}w_j(t)w_i(t+\tau)\rangle\end{aligned} \tag{2.110}$$

其中,$\langle w_j\rangle$ 可以近似为 a^3/O^3。由于 w_j 和 w_i 的独立性,式(2.110) 中第二项的双层求和包括 $B(B-1)$ 项,在 B 很大的情况下,$B(B-1)$ 项与 $B(B-1)a^6/O^6$ 或者$(Ba^3/O^3)^2$ 相等。

式(2.110) 中第一项可以表示为 $B(a^3/O^3)u(\tau)$,其中,$u(\tau)$ 是 t 时刻分子在 RN 内,在$(t+\tau)$ 时刻分子仍在 RN 内的概率。然后,$G(\tau)$ 简化为

$$G(\tau)=\langle m(t)m(t+\tau)\rangle=\frac{Ba^3}{O^3}u(\tau)+\left(\frac{Ba^3}{O^3}\right)^2 \tag{2.111}$$

通过设定$\langle m\rangle=\dfrac{Ba^3}{O^3}$,$G(\tau)$ 亦可以写为

$$G(\tau)=\langle m\rangle u(\tau)+\langle m\rangle^2 \tag{2.112}$$

基于 $u(\tau)$,定义特征时间 τ_0 为

$$\tau_0=\int_0^\infty u(\tau)\mathrm{d}\tau \tag{2.113}$$

借助 τ_0 并且假设 $T \gg \tau_0$，式(2.109)中用于求解 $\langle m_T^2 \rangle$ 的积分可以近似为[11]

$$\langle m_T^2 \rangle = \frac{1}{T^2}\int_0^T \mathrm{d}t'(T\langle m \rangle^2 + 2\tau 0\langle m \rangle) = \langle m_T \rangle^2 + \frac{2\tau_0}{T}\langle m_T \rangle \quad (2.114)$$

因此，m_T 的均方波动 $\langle (\delta m_T)^2 \rangle$ 可以写作

$$\langle (\delta m_T)^2 \rangle = \langle m_T^2 \rangle - \langle m_T \rangle^2 = \frac{2\tau_0}{T}\langle m_T \rangle \quad (2.115)$$

利用式(2.53)中定义的扩散方程的解和一些静电类比，τ_0 可以导出如下：

$$\tau_0 = \frac{2a^2}{5D} \quad (2.116)$$

对于推导的细节，详见参考文献[11]。现在，通过将 τ_0 和 $\langle m_T \rangle$ 代入到式(2.106)中，m_T 的均方波动变为

$$\langle (\delta m_T)^2 \rangle = \langle m_T^2 \rangle - \langle m_T \rangle^2 = \left(\frac{4a^2}{5DT}\right)\langle m_T \rangle \quad (2.117)$$

因此，最终完美球体监控情况下的RN浓度测量的不确定度可以表示如下：

$$\frac{\langle (\delta C_0)^2 \rangle}{C_0^2} = \frac{\langle (\delta m_T)^2 \rangle}{\langle m_T \rangle^2} = \frac{\langle m_T^2 \rangle - \langle m_T \rangle^2}{\langle m_T \rangle^2} = \frac{3}{5\pi TDC_0 a} \quad (2.118)$$

应注意到，RN是完美吸收球体情况下的浓度测量不确定度比完美监控球体的情况小。这是由于完美吸收球体是假设从环境中除去粒子，因此它并没有多次测量相同的粒子[18]。接下来，将会介绍完美吸收球体和完美监控球体的梯度感知精度问题。

2.4.5　完美吸收和完美监控球体的梯度感知精度

除了恒定浓度的测量，接收纳米机器(RN)也可以测量发射纳米机器(TN)产生的分子的局部梯度。由于分子运动的随机性本质，RN的这种浓度梯度测量也受限于一些不确定性。在本小节中，对于这些不确定性进行了研究。首先假设RN是一个完美的吸收球体。在这样的一个梯度测量中，为了计算流量密度 $\boldsymbol{j}$，可以与静电学进行标准类比。在静电学中，无源场中的电势 ϕ 和电场 $\boldsymbol{E}$ 分别可以通过拉普拉斯方程获得，分别是 $\nabla^2\phi=0$ 和 $\boldsymbol{E}=-\nabla\phi$。基于这一类比，放置于电场强度为 E_z 的 z 方向电场中的导电球体(边界条件：在

$r=a$ 处 $\phi=0$),球体无穷远处的恒定电位是 ϕ,球体的表面电荷密度 σ_{charge} 可以表示为

$$\sigma_{\text{charge}}=-\frac{1}{4\pi}\frac{\partial\phi}{\partial r}\bigg|_{r=a}=-\frac{1}{4\pi}\left(\frac{\phi}{a}-3E_z\cos\theta\right) \tag{2.119}$$

其中,θ 是相对于 z 轴测量的极角。对于RN吸收分子的情况,分子浓度 C 和流量密度 $\boldsymbol{j}$ 遵循类似于静电学中的电位 ϕ 和电场 $\boldsymbol{E}$ 的有关方程。特别地,浓度 C 的空间依赖性遵从稳定状态下的扩散方程($\nabla^2C=0$)。另一方面,流量密度可以表达为 $\boldsymbol{j}=-D\nabla C$。利用式(2.119),在 z 方向的梯度 $C_z=\partial C/\partial z$ 的背景下,撞击在 RN(边界条件:在 $r=a$ 处 $C=0$)上的平均流量密度为

$$j(\theta)=\frac{DC_0}{a}+3DC_z\cos\theta \tag{2.120}$$

其中,C_0 是恒定的本底浓度。

方程(2.120)也可以推广为在任意方向 $\boldsymbol{r}$ 上的浓度梯度 ∇C,即

$$j(\theta,\phi)=\frac{DC_0}{a}+3D\,\nabla C\boldsymbol{e}(\theta,\phi) \tag{2.121}$$

其中,$\boldsymbol{e}(\theta,\phi)=(\cos\phi\sin\theta,\sin\phi\sin\theta,\cos\theta)$。为了在时间 T 内从观测的分子密度(观测是基于RN的分子吸收)中估计分子浓度梯度,从式(2.121)中可以借助观测密度(表示如下)来拟合获得期望的密度 $j(\theta,\phi)T$。

$$\sigma_T^{\text{obs}}=\sum_{i=1}^{U}\delta(\boldsymbol{r}-\boldsymbol{r}_i) \tag{2.122}$$

其中,U 是吸收的分子总数;$\delta(\cdot)$ 是狄拉克函数。

最佳的拟合可以通过减小观测密度和期望密度之间的误差来获得,两种密度的误差给出如下:

$$Error=\int\Big[\sigma_T^{\text{obs}}-H-\sum_{m=-1,0,1}G_mY_{l=1}^{m}(\theta,\phi)\Big]^2\mathrm{d}A \tag{2.123}$$

其中,梯度的预期贡献在于球面谐波 $Y_{l=1}^{m}(\theta,\phi)$ 方面,即

$$Y_1^{-1}=\sqrt{\frac{3}{8\pi}}\sin\theta\mathrm{e}^{-\mathrm{i}\phi},\quad Y_1^0=\sqrt{\frac{3}{4\pi}}\cos\theta,\quad Y_1^1=-\sqrt{\frac{3}{8\pi}}\sin\theta\mathrm{e}^{\mathrm{i}\phi} \tag{2.124}$$

此外,在式(2.123)中,H 和 G_m($m=-1,0,1$)是有待确定的参数。参数 H 和 G_m 的函数的误差最小化可以通过 $\partial Error/\partial H=0$ 和 $\partial Error/\partial G_m=0$ 得到。因此,可以获得最佳拟合参数:

$$H = \frac{\int \sigma_T^{\mathrm{obs}} \mathrm{d}A}{\int \mathrm{d}A} = \frac{\int \sigma_T^{\mathrm{obs}} \mathrm{d}A}{4\pi a^2} \tag{2.125}$$

$$G_{-1} = \frac{\int \sigma_T^{\mathrm{obs}} Y_1^{-1}(\theta, \phi) \mathrm{d}A}{\int |Y_1^{-1}(\theta, \phi)|^2 \mathrm{d}A} = \frac{\sqrt{\frac{3}{2\pi}} \int \sigma_T^{\mathrm{obs}} \sin\theta \mathrm{e}^{-\mathrm{i}\phi} \mathrm{d}A}{a^2} \tag{2.126}$$

$$G_0 = \frac{\int \sigma_T^{\mathrm{obs}} Y_1^0(\theta, \phi) \mathrm{d}A}{\int |Y_1^0(\theta, \phi)|^2 \mathrm{d}A} = \frac{\frac{1}{2}\sqrt{\frac{3}{\pi}} \int \sigma_T^{\mathrm{obs}} \cos\theta \mathrm{d}A}{a^2} \tag{2.127}$$

$$G_1 = \frac{\int \sigma_T^{\mathrm{obs}} Y_1^1(\theta, \phi) \mathrm{d}A}{\int |Y_1^1(\theta, \phi)|^2 \mathrm{d}A} = \frac{-\sqrt{\frac{3}{2\pi}} \int \sigma_T^{\mathrm{obs}} \sin\theta \mathrm{e}^{\mathrm{i}\phi} \mathrm{d}A}{a^2} \tag{2.128}$$

然后，本底浓度和各方向梯度的最佳估计可以如下给出：

$$C_0 = \frac{aH}{DT} \tag{2.129}$$

$$C_x = \frac{1}{6DT}\sqrt{\frac{3}{2\pi}}(G_{-1} - G_1) \tag{2.130}$$

$$C_y = \frac{-\mathrm{i}}{6DT}\sqrt{\frac{3}{2\pi}}(G_1 + G_{-1}) \tag{2.131}$$

$$C_z = \frac{1}{6DT}\sqrt{\frac{3}{\pi}} G_0 \tag{2.132}$$

梯度估计 $C_{x,y,z}$ 是梯度的独立正交分量。不失一般性，我们先只考虑 z 方向上的梯度估计。利用式(2.132)，在时间 T 内，分子被吸收后 z 方向梯度的最佳估计的计算式为

$$C_z = \frac{\int \sigma_T^{\mathrm{obs}} \cos\theta \mathrm{d}A}{4\pi D a^2 T} = \frac{\sum_{i=1}^{U} \cos\theta_i}{4\pi D a^2 T} \tag{2.133}$$

基于式(2.133)，RN 的梯度测量不确定度 $\langle(\delta C_z)^2\rangle$ 可以通过 C_z 的方差来确定：

$$\langle(\delta C_z)^2\rangle = \langle C_z^2\rangle - \langle C_z\rangle$$

$$= \frac{\langle \sum_{i=1}^{U} \cos^2\theta_i \rangle + \langle \sum_{i=1}^{U} \sum_{i \neq j}^{U} \cos\theta_i \cos\theta_j \rangle}{(4\pi D a^2 T)^2} - \frac{\langle \sum_{i=1}^{U} \cos\theta_i \rangle^2}{(4\pi D a^2 T)^2}$$

$$=\frac{\langle \sum_{i=1}^{U}\cos^2\theta_i\rangle}{(4\pi Da^2T)^2}=\frac{\langle U\rangle\langle\cos^2\theta\rangle}{(4\pi Da^2T)^2}$$

$$=\frac{C_0}{12\pi Da^3T} \tag{2.134}$$

注意到在上述推导中,由于 U 是泊松分布,且分子彼此独立 $\langle\sum_{i=1}^{U}\sum_{i\neq j}^{U}\cos\theta_i\cos\theta_j\rangle$,被设置为 $\langle U(U-1)\rangle\langle\cos\theta\rangle^2=\langle U\rangle^2\langle\cos\theta\rangle^2$。这一近似是基于 U 为一个非常大的值。此外,$\langle U\rangle$ 和 $\langle\cos\theta\rangle^2$ 被分别设置为 $\langle U\rangle=4\pi DaC_0T$ 和 $\langle\cos\theta\rangle^2=1/3$。由于梯度可以来自任意方向,总的梯度测量的不确定度可以通过 C_0/a 归一化,并写成如下形式:

$$\frac{\langle(\delta C_r)^2\rangle}{(C_0/a)^2}=\frac{3\langle(\delta C_z)^2\rangle}{(C_0/a)^2}=\frac{1}{4\pi DaC_0T} \tag{2.135}$$

其中,因子 3 是梯度的每一个部分(即 C_x、C_y 和 C_z)独立贡献于总体的不确定度。同时也注意到,式(2.103)中完美吸收 RN 的浓度测量不确定度和式(2.135)中的完美吸收 RN 的梯度感知不确定度是相同的。这揭示了完美吸收 RN 的梯度感知不确定度和梯度的幅值是独立的(包括没有梯度的情况)。

现在,假设 RN 是一个完美监控球体,并通过对其内部分子数的一些统计独立的测量取平均值来提高测量精度[11]。式(2.118)已经给出了完美监控 RN 的浓度测量不确定度。接下来,将会推导完美监控 RN 的梯度感知不确定度。为此,首先导出梯度感知的不确定度。然后,为了获得梯度估计的不确定度,导出最佳估计的方差。

首先,我们将用梯度模型 $C=C_0+\boldsymbol{r}\cdot\boldsymbol{C}_r$ 来拟合一个通过测量时间 T 内 RN 中的分子确切位置得到的时间平均密度,即

$$\frac{1}{T}\int \mathrm{d}t\rho_{\mathrm{obs}}(t)=\frac{1}{T}\int \mathrm{d}t\sum_{i=1}^{U}\delta(\boldsymbol{r}-\boldsymbol{r}(t)) \tag{2.136}$$

应注意到,在之前对于完美吸收 RN 的分析中观测密度被表示为 σ_T^{obs}。然而,在这一分析中,将其表示为 $\rho_{\mathrm{obs}}(t)$。则误差为

$$Error=\int\left(\frac{1}{T}\int\rho_{\mathrm{obs}}(t)\mathrm{d}t-C_0-\boldsymbol{r}\cdot\boldsymbol{C}_r\right)^2\mathrm{d}V \tag{2.137}$$

正如之前完美吸收 RN 的情况,我们聚焦于 z 方向上的梯度,即 C_z。利用 $\partial Error/\partial C_z=0$,$C_z$ 的最优估计为

$$C_z=\frac{\frac{1}{T}\int \mathrm{d}t\int \mathrm{d}Vz\rho_{\mathrm{obs}}(t)}{\int \mathrm{d}Vz^2} \tag{2.138}$$

该估计的方差为

$$\begin{aligned}\langle(\delta C_z)^2\rangle&=\langle(C_z^2)\rangle-\langle(C_z)^2\rangle\\&=\left(\frac{15}{4\pi a^5}\right)^2\frac{1}{T^2}\left[\langle(\int \mathrm{d}t\int \mathrm{d}Vz\rho_{\mathrm{obs}}(t))^2\rangle-\langle(\int \mathrm{d}t\int \mathrm{d}Vz\rho_{\mathrm{obs}}(t))\rangle^2\right]\\&=\left(\frac{15}{4\pi a^5}\right)^2\left[\langle m_{z,T}^2\rangle-\langle m_{z,T}\rangle^2\right]\end{aligned} \tag{2.139}$$

应注意到，$\int \mathrm{d}Vz^2=4\pi a^5/15$ 用于上面的推导，则

$$\begin{cases}\langle m_{z,T}^2\rangle=\frac{1}{T^2}\langle(\int \mathrm{d}t\int \mathrm{d}Vz\rho_{\mathrm{obs}}(t))^2\rangle=\frac{1}{T^2}\int_0^T \mathrm{d}t\int_0^T \mathrm{d}t'\langle m_z(t)m_z(t')\rangle\\ \langle m_{z,T}\rangle=\frac{1}{T}\langle\int \mathrm{d}t\int \mathrm{d}Vz\rho_{\mathrm{obs}}(t)\rangle=\frac{1}{T}\int_0^T \mathrm{d}t\langle m_z(t)\rangle\end{cases} \tag{2.140}$$

其中，$m_z(t)$ 是 t 时刻 RN 中所有分子的 z 坐标的总和。为了计算 $m_z(t)$，假设 RN 是封闭在一个更大的包含 M 个分子的体积内。因此，$m_z(t)$ 可以表示为 $m_z(t)=\sum_{i=1}^{M}z_i(t)$，其中 z_i 为第 i 个分子在 z 轴的坐标，如果分子在 RN 外，z_i 为 0。假设 t 时刻 RN 中的分子数目是 $N(t)$，因此 $\langle N\rangle$ 可以表示为 $\langle N\rangle=\frac{4}{3}\pi a^3C_0$。然后，式(2.140) 中的 $\langle m_z(t)m_z(t')\rangle$ 可以写为

$$\begin{aligned}\langle m_z(t)m_z(t')\rangle&=\langle\sum_{i=1}^{M}\sum_{j=1}^{M}z_i(t)z_j(t')\rangle\\&=\langle\sum_{i=1}^{M}z_i(t)z_i(t')\rangle+\langle\sum_{i=1}^{M}z_i(t)\rangle\langle\sum_{j\neq i}^{M}z_j(t')\rangle\\&=\langle N\rangle\langle z(t)z(t')\rangle+\langle N\rangle^2\langle z(t)\rangle^2\\&=\frac{4}{3}\pi a^3C_0s(t-t')+\langle m_z(t)\rangle^2\end{aligned} \tag{2.141}$$

其中，使用 $s(t-t')=\langle z(t)z(t')\rangle$ 和 $\langle\sum_{j=1}^{M}z_j(t')\rangle\approx\langle\sum_{j\neq i}^{M}z_j(t')\rangle$ 是基于 M 很大的假设。通过将式(2.140) 和式(2.141) 代入式(2.139)，梯度估计的方差亦

可写为

$$\langle(\delta C_z)^2\rangle = \frac{75C_0}{4\pi a^7 T^2}\int_0^T \mathrm{d}t\int_0^T \mathrm{d}t' s(t-t') \tag{2.142}$$

对于时间 T 远大于相关时间 τ_z 的情况,式(2.142) 中的积分可以简化。τ_z 的定义如下:

$$\tau_z = \frac{1}{a^2}\int_0^\infty \mathrm{d}\tau s(\tau) \tag{2.143}$$

更具体地说,基于扩散方程的对称性 $s(\tau)=s(-\tau)$,式(2.142) 可以简化为

$$\langle(\delta C_z)^2\rangle = \frac{75C_0\tau_z}{2\pi a^5 T} \tag{2.144}$$

相关时间 τ_z 可以导出为 $2a^2/105D$。对于推导的细节,详见参考文献[18]。因此,$\tau_z = 2a^2/105D$ 可以用于式(2.144),获得归一化的梯度测量不确定度如下:

$$\frac{\langle(\delta C_z)^2\rangle}{(C_0/a)^2} = \frac{5}{7\pi DaC_0 T} \tag{2.145}$$

由于梯度的每一部分独立作用,总的归一化不确定度可以通过将式(2.145) 乘以 3 来获得:

$$\frac{\langle(\delta C_r)^2\rangle}{(C_0/a)^2} = \frac{15}{7\pi DaC_0 T} \tag{2.146}$$

通过比较式(2.135) 和式(2.146),容易得出在梯度感知中,完美吸收 RN 的不确定度比完美监控 RN 的不确定度小的结论。回想浓度检测的情况,得到的结果是相同的。也就是说,完美吸收 RN 的不确定度比完美监控 RN 的不确定度小。原因是完美吸收球体被认为是从环境中除去粒子,因此,并不重复测量相同的粒子[18]。在接下来的部分中,通过合并 2.2 ~ 2.4 节中分子的发射、扩散和接收过程,给出了 PMC 模式下完美吸收器的统一模型。

2.5 基于完美吸收器的 PMC 统一模型

在 2.2 ~ 2.4 节中,分别给出了基于完美吸收器 PMC 模式下的分子发射、扩散和接收模型。本节通过合并这些模型,得出了两个统一的模型:第一个是基于分子发射、扩散和接收中的反应速率方程的模型[4];第二个是基于反

应扩散方程的模型。

2.5.1　基于反应－速率方程的统一模型

TN 和 RN 之间的 PMC 包括 4 个不同的现象，即下面将要阐述的分子的发射、分子的扩散、分子的接收和分子的降解。

1. 分子的发射和扩散

假设 TN 以 $\eta(t)$ 的发射速率将信使分子 S 发射到介质中，因此，S 的发射可以表示如下：

$$\bigstar \xrightarrow{\eta(t)} S \tag{2.147}$$

其中，★ 表示可以合成和发射 S 的源。

令 $X(t)$ 表示 t 时刻 TN 发射的分子 S 的数目。因此，$X(t)$ 可以看作 PMC 信道的输入信号。对于时间的微分：

$$\dot{X}(t)=\eta(t) \tag{2.148}$$

因此

$$X(t)=\int_0^t \eta(s)\,\mathrm{d}s \tag{2.149}$$

发射的分子中一部分被 RN 捕获：

$$\rho=\frac{a}{b} \tag{2.150}$$

其中，a 是 TN 的半径；b 是 TN 和 RN 之间的距离。

式(2.150) 是由 2.4.2 节中的公式(2.89) 导出的。令 $\overline{S}$ 表示被 RN 捕获的分子 S(图 2.16)，令 $\overline{X}(t)$ 表示 $\overline{S}$ 的数目；$\overline{S}$ 的数目是发射分子 S 的一部分。因此，可以表示如下：

$$\overline{X}(t)=\rho X(t) \tag{2.151}$$

由于 $X(t)$ 和 $\overline{X}(t)$ 之间的线性关系，分子 $\overline{S}$ 的产生也可以表示为

$$\bigstar \xrightarrow{\overline{\eta}(t)} \overline{S} \tag{2.152}$$

其中，$\overline{\eta}(t)$ 是分子 $\overline{S}$ 的发射速率，且可以如下给出：

$$\overline{\eta}(t)=\rho\eta(t) \tag{2.153}$$

2. 分子的接收

在每个分子 $\overline{S}$ 通过式(2.152) 发射后，它被 RN 捕获。令 S^* 表示被接收

的分子 $\bar{S}$(图 2.16),$Y(t)$ 表示传送到 RN 的分子 S^* 的浓度,因此,$Y(t)$ 可以被看作是 PMC 信道的输出信号。然后,分子的接收过程表示如下:

$$\bar{S} \xrightarrow{\lambda} S^* \tag{2.154}$$

其中,λ 是分子的接收速率。λ 反映了分子 S 被 RN 捕获并转换为 S^* 所花费的时间。因此,λ 可以表示为 $\lambda = 1/\tau$[40],其中 τ 是分子 $\bar{S}$ 被 TN 发射后到被 RN 捕获所需的平均时间。2.4.3 节中已经研究过 τ。接下来,将对分子的降解过程进行讨论和建模。

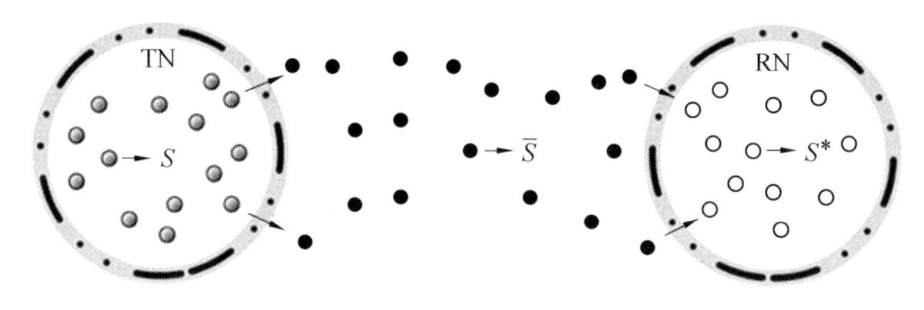

图 2.16 TN 和 RN 之间的 PMC 模式图解

(TN 发射信使分子,且在介质中扩散;然后,每一个可以到达 RN 的分子都会被 RN 接收)

3. 分子的降解

由于一些外部因素(如 pH、介质温度或者一些淬灭酶),信使分子有可能降解①。因此,分子的降解是 TN 和 RN 之间 PMC 的一部分,并且可以表示如下:

$$\bar{S} \xrightarrow{\gamma} \bigstar \tag{2.155}$$

其中,γ 表示降解速率;★ 表示分子 $\bar{S}$ 降解并且在介质中不再存在。如果我们假设每一个分子具有平均寿命,那么降解速率可以通过平均寿命的乘法逆(或倒数)来给出。

式(2.152)、式(2.154) 和式(2.155) 定义的反应可以合并,为 PMC 提供一个统一的确定性模型。利用发射速率($\bar{\eta}(t)$)、接收速率(λ) 和降解速率(γ),$\bar{X}(t)$ 和 $Y(t)$ 的时间微分可以通过如下的反应速率方程给出:

$$\dot{\bar{X}} = \bar{\eta}(t) - (\gamma + \lambda)\bar{X}(t) \tag{2.156}$$

$$\dot{Y}(t) = \lambda \bar{X}(t) \tag{2.157}$$

---

① 例如,在大多数基于细菌的 PMC 系统中(详见参考文献[9]),都考虑了信使分子的降解。

利用式(2.156)和式(2.157)，恒定速率和随时间而变化的速率两种情况下的$\overline{X}(t)$和$Y(t)$被导出。对于恒定发射速率的情况，TN被假定为以恒定发射速率($\eta(t)=\eta$)来发射分子S。然后，信道输入为

$$X(t)=\eta t \tag{2.158}$$

分子$\overline{S}$的发射速率$\bar{\eta}(t)$是一个常数，并且满足$\bar{\eta}=\rho\eta$。因此，通过求解式(2.156)和式(2.157)，可以获得$\overline{X}(t)$和信道输出$Y(t)$，即

$$\begin{cases}\overline{X}(t)=\dfrac{\rho\eta(1-\mathrm{e}^{-\alpha t})}{\alpha}\\ Y(t)=\dfrac{\mathrm{e}^{-\alpha t}\rho\eta\lambda[1+\mathrm{e}^{\alpha t}(\alpha t-1)]}{\alpha^2}\end{cases} \tag{2.159}$$

其中，$\alpha=(\gamma+\lambda)$。该情况下的解揭示了一个有趣的结果，$\overline{X}(t)$和$Y(t)$是发射速率η的线性函数。因此，可以通过改变发射速率η来线性地降低和提高信道输出$Y(t)$。随着η的变化，$Y(t)$的幅值变化和曲线的形状保持一致。这样的调控可以用于为PMC开发一种高效的幅度调制方案。

在发射速率随时间变化的情况下，假定TN以一个随时间变化的速率$\eta(t)$发射分子S。利用$\eta(t)$，信道输入$X(t)$可以如式(2.149)所示。此外，分子$\overline{S}$的发射速率$\bar{\eta}(t)=\rho\eta(t)$。对于这种情况，通过求解式(2.156)和式(2.157)，$\overline{X}(t)$和$Y(t)$可以如下表示：

$$\overline{X}(t)=\mathrm{e}^{-\alpha t}\left[-\int_1^0\mathrm{e}^{\alpha c}\bar{\eta}(c)\mathrm{d}c+\int_1^t\mathrm{e}^{\alpha c}\bar{\eta}(c)\mathrm{d}c\right] \tag{2.160}$$

$$Y(t)=-\int_1^0\lambda\overline{X}(a)\mathrm{d}a+\int_1^t\lambda\overline{X}(a)\mathrm{d}a \tag{2.161}$$

特别地，通过设定$\eta(t)=c[1+\sin(2\pi ft)]$，可以获得$X(t)$、$\overline{X}(t)$和$Y(t)$，即

$$X(t)=c\left[t+\frac{[\sin(\pi ft)]^2}{\pi f}\right] \tag{2.162}$$

$$\overline{X}(t)=\frac{\rho c[\mathrm{e}^{-\alpha t}[\kappa\alpha-\Gamma]+\Gamma-\kappa\alpha\cos(\kappa t)]}{\alpha\Gamma}+\frac{\rho c\alpha\sin(\kappa t)}{\Gamma} \tag{2.163}$$

$$Y(t)=\frac{\mathrm{e}^{-\alpha t}\lambda c\rho}{\alpha^2\Gamma\kappa}\{\kappa(\Gamma-\alpha\kappa)+\mathrm{e}^{\alpha t}[\alpha^3-\Gamma\kappa+\alpha\kappa(\kappa+\Gamma t)-\alpha^2(\alpha\cos(\kappa t)+\kappa\sin(\kappa t))]\} \tag{2.164}$$

其中，$\kappa=2\pi f$；$\Gamma=(\alpha^2+\kappa^2)$。

在图2.17和图2.18中，令正弦发射速率$\eta(t)=0.002[1+\sin(2\pi ft)]$，$b=$

0.3 cm,通过改变频率 f,$X(t)$ 和 $Y(t)$ 的变化如图所示。随着 f 的变化,信道输出 $Y(t)$ 与 $X(t)$ 遵从相同的正弦模式。而且,$Y(t)$ 的频率几乎与 $X(t)$ 相同。PMC 的这一特性可以用来开发一种通过调控输入信号的频率来承载信息的频率调制方式。除了正弦的发射速率,对于指数发射速率,即 $\eta(t)=\mathrm{e}^{-nt}$,$X(t)$、$\overline{X}(t)$ 和 $Y(t)$ 分别写作

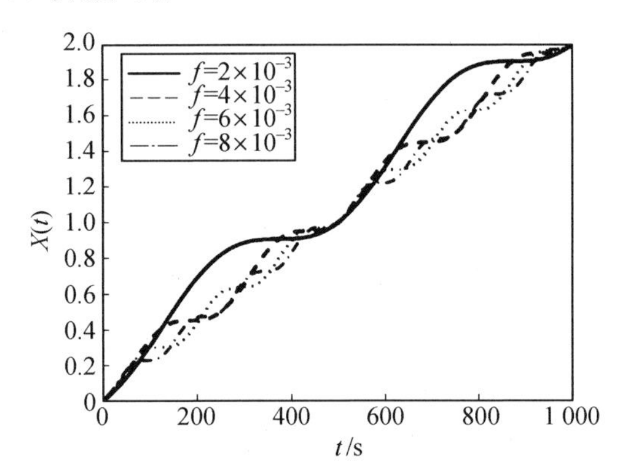

图 2.17　不同变化频率 f 的正弦发射速率 $\eta(t)$ 下的信道输入 $X(t)$

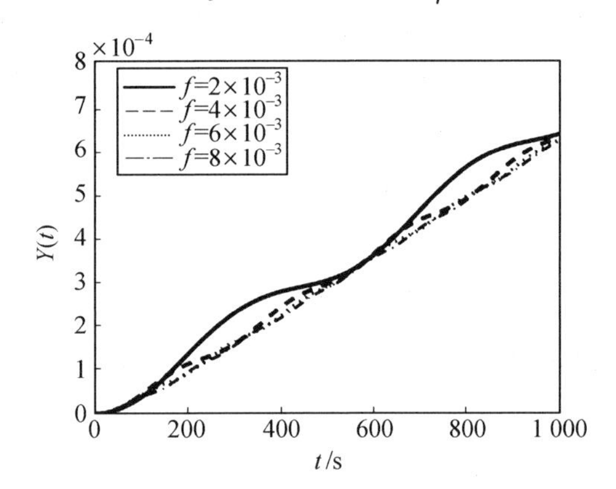

图 2.18　不同变化频率 f 的正弦发射速率 $\eta(t)$ 下的信道输出 $Y(t)$

$$X(t)=\frac{1-\mathrm{e}^{-nt}}{n} \tag{2.165}$$

$$\overline{X}(t)=\frac{\rho[\mathrm{e}^{-nt}-\mathrm{e}^{-\alpha t}]}{\alpha-n} \tag{2.166}$$

$$Y(t)=\frac{\rho\lambda[\alpha(1-\mathrm{e}^{-nt})+n(\mathrm{e}^{-\alpha t}-1)]}{\alpha n(\alpha-n)} \tag{2.167}$$

除了上面介绍的确定性模型,使用与推导确定性模型类似的方法,也可以

推导出 PMC 模式的概率模型。我们回顾并改写式(2.152)、式(2.154)、式(2.155)中的分子发射、接收和降解过程：

分子发射：
$$\bigstar \xrightarrow{\bar{\eta}} \bar{S} \tag{2.168}$$

分子接收：
$$\bar{S} \xrightarrow{\lambda} S^* \tag{2.169}$$

分子降解：
$$\bar{S} \xrightarrow{\gamma} \bigstar \tag{2.170}$$

令 x_1 和 x_2 分别表示分子 $\bar{S}$ 和 S^* 的数目。然后，x_1 和 x_2 的时间微分可以写作如下的矩阵形式：

$$\dot{\boldsymbol{x}} = \mathbf{A}\boldsymbol{x} + \boldsymbol{b} \tag{2.171}$$

其中，$\boldsymbol{x}$、$\mathbf{A}$ 和 $\boldsymbol{b}$ 分别为

$$\boldsymbol{x} = \begin{bmatrix} x_1 \\ x_2 \end{bmatrix}, \quad \mathbf{A} = \begin{bmatrix} -(\lambda+\gamma) & 0 \\ \lambda & 0 \end{bmatrix}, \quad \boldsymbol{b} = \begin{bmatrix} \bar{\eta} \\ 0 \end{bmatrix} \tag{2.172}$$

依据参考文献[26]中介绍的理论，概率方程 $P(t,\boldsymbol{x})$ 可以表示为

$$P(t,\boldsymbol{x}) = \mathscr{P}(\boldsymbol{x}, v(t)) * \mathscr{M}(\boldsymbol{x}, \delta_1, \boldsymbol{p}^{(1)}(t)) * \mathscr{M}(\boldsymbol{x}, \delta_2, \boldsymbol{p}^{(2)}(t)) \tag{2.173}$$

式中，$*$ 表示卷积运算；δ_1 和 δ_2 分别是分子 $\bar{S}$ 和 S^* 的初始浓度(数目)，即 $x_1(0)=\delta_1, x_2(0)=\delta_2$；$\mathscr{P}(\boldsymbol{x}, v(t))$ 和 $\mathscr{M}(\boldsymbol{x}, \delta_i, \boldsymbol{p}^{(i)}(t)), i \in \{1,2\}$ 分别是乘积泊松和多项分布(或多项式分布)；向量 $v(t) \in \mathbf{R}^2$ 和 $\boldsymbol{p}^{(i)}(t) \in [0,1]^2$ 是下面的反应速率方程的解：

$$\dot{v}(t) = \mathbf{A}v(t) + \boldsymbol{b}, \quad v(0) = \mathbf{0} \tag{2.174}$$

$$\dot{\boldsymbol{p}}^{(i)}(t) = \mathbf{A}\boldsymbol{p}^{(i)}(t), \quad \boldsymbol{p}^{(i)}(0) = \varepsilon_i \tag{2.175}$$

其中，ε_i 表示单位矩阵 $\mathbf{R}^{2\times 2}$ 中的第 i 列；$\mathbf{0}$ 是 $\mathbf{R}^2$ 中的零向量。

如果假定最初没有分子 $\bar{S}$ 和 S^*，也就意味着 $x_1(0)=\delta_1=0, x_2(0)=\delta_2=0$，则式(2.173)中的多项分布变为

$$\mathscr{M}(\boldsymbol{x}, 0, \boldsymbol{p}^{(1)}(t)) = 1, \quad \mathscr{M}(\boldsymbol{x}, 0, \boldsymbol{p}^{(2)}(t)) = 1 \tag{2.176}$$

并且 $P(t,\boldsymbol{x})$ 简化为

$$P(t,\boldsymbol{x}) = \mathscr{P}(\boldsymbol{x}, v(t)) \tag{2.177}$$

$$P(t,\boldsymbol{x}) = \frac{v_1^{x_1}}{x_1!} \times \frac{v_2^{x_2}}{x_2!} \times \mathrm{e}^{-|v|} \tag{2.178}$$

其中，$|v| = \sum_{i=1}^{2} |v_i|$。应注意到，为了便于说明，忽略了 $v_i(t)$ 的时间依赖性(即 $v_i = v_i(t)$)。通过求解式(2.174)，$v_1(t)$ 和 $v_2(t)$ 为

$$\begin{cases} v_1(t)=\dfrac{\rho\eta(1-\mathrm{e}^{-\alpha t})}{\alpha} \\ v_2(t)=\dfrac{\mathrm{e}^{-\alpha t}\rho\eta\lambda[1+\mathrm{e}^{\alpha t}(\alpha t-1)]}{\alpha^2} \end{cases} \tag{2.179}$$

其中,$\alpha=(\gamma+\lambda)$。注意到 $v_1(t)$ 和 $v_2(t)$ 与式(2.159)中给出的 $\overline{X}(t)$ 和 $Y(t)$ 是相同的,这是确定性模型和概率性模型内在的联系。在图 2.19 中,给出了 $t=1\ 500$ s 时,式(2.177)中 $P(t,\boldsymbol{x})$ 随 x_1 和 x_2 变化的曲线。分子 S^* 是接收到的分子,因此,$x_2(t)$ 可以看作信道输出信号。通过利用 $P(t,\boldsymbol{x})$,x_2 的边缘分布 $P_2(t,x_2)$ 可以由参考文献[26]给出:

$$P_2(t,x_2)=\frac{v_2^{x_2}}{x_2!}\times \mathrm{e}^{-|v_2|} \tag{2.180}$$

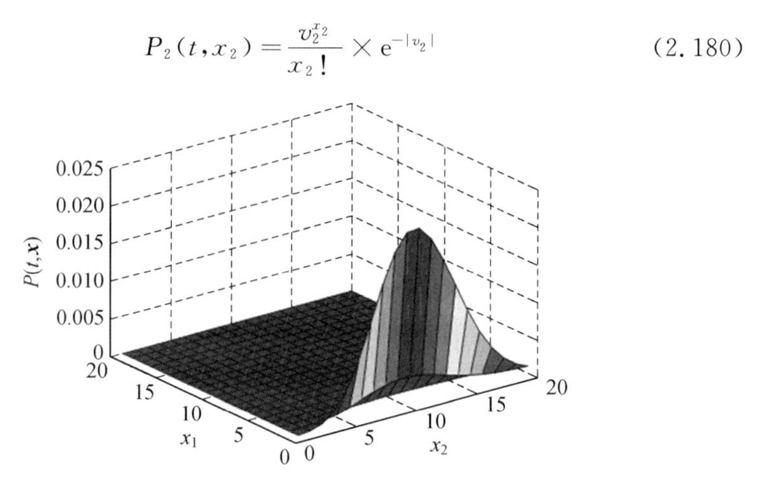

图 2.19 式(2.177)中 $P(t,\boldsymbol{x})$ 随 x_1 和 x_2 变化的曲线($t=1\ 500$ s)

在图 2.20 中,可以看出 $P_2(t,x_2)$ 如何随 x_2 和时间变化而演变。通过类似的方法,也可以对背景噪声建模。假设介质中存在一个背景分子浓度,RN 将背景分子和 TN 发射的分子一同接收。背景噪声的接收可以表示为

$$\bigstar \xrightarrow{I_0} S^* \tag{2.181}$$

其中,I_0 是背景分子的接收速率,且已在式(2.79)中导出为 $I_0=4\pi DaC_0$,a 是完美吸收体 RN 的半径,C_0 是背景分子浓度。令 $g(t)$ 表示背景噪声信号,基于式(2.181),则 $g(t)$ 可以表示为

$$g(t)=I_0t \tag{2.182}$$

此外,按照参考文献[26]中介绍的理论,背景噪声信号的分布 $Q(t,z)$ 可以写作

$$Q(t,z)=\mathscr{P}(z,g(t)) \tag{2.183}$$

$$=\frac{g^z}{z\,!}\mathrm{e}^{-|g|} \tag{2.184}$$

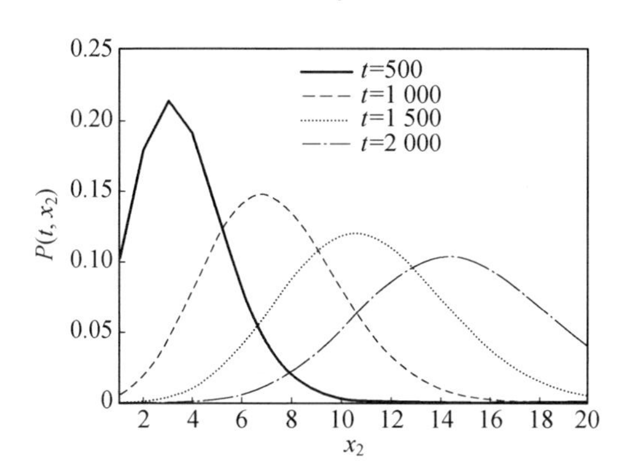

图 2.20　式(2.180) 中 $P_2(t,x_2)$ 在不同的时间 t 时随 x_2 的变化曲线

2.5.2　基于反应－扩散方程的统一模型

在 2.5.1 节中，利用反应速率方程，通过合并分子发射、扩散、接收和降解过程，介绍了一种 PMC 的统一模型。类似地，反应－扩散方程可以为 PMC 提供统一的模型。反应－扩散方程在物理上支配着介质中一种或多种物质或分子受化学反应和扩散过程的影响的浓度变化。通过局部化学反应，物质相互转化而扩散引起物质扩散分布到空间的曲面上。在 PMC 中，分子的降解和发射可以看作化学反应，通过修改式(2.37) 中的扩散方程来包含这些反应中的物理动态，可以获得如下反应－扩散方程[12]：

$$\frac{\partial}{\partial t}C(x,t)=D\frac{\partial^2}{\partial x^2}C(x,t)-\gamma C(x,t)+s(x,t) \tag{2.185}$$

其中，$C(x,t)$ 是坐标 x 和时刻 t 时 TN 发射的分子浓度的函数；$s(x,t)$ 是位于坐标原点并在 $t=0$ 时刻开启的一般源项：

$$s(x,t)=\eta\delta(x)\Theta(t) \tag{2.186}$$

其中，和式(2.147) 中的 η 类似，这里的 η 可以看作是发射速率；$\delta(\cdot)$ 是狄拉克函数；$\Theta(\cdot)$ 是单位阶跃函数。

γ 是式(2.155) 中介绍的分子降解速率。通过结合分子降解速率 γ 和扩散系数 D，定义另一个常数：

$$\beta=\sqrt{\frac{\gamma}{D}} \tag{2.187}$$

获得式(2.185)中解的一个途径是对其两侧进行傅里叶变换：

$$\mathrm{i}\omega\widetilde{C}(k,\omega)=-(Dk^2+\gamma)\widetilde{C}(k,\omega)+\tilde{s}(k,\omega) \tag{2.188}$$

其中,$\widetilde{C}(k,\omega)$ 和 $\tilde{s}(k,\omega)$ 分别是 $C(x,t)$ 和 $s(x,t)$ 的傅里叶变换,且计算式为

$$\widetilde{C}(k,\omega)=\int_{-\infty}^{\infty}C(x,t)\mathrm{e}^{-\mathrm{i}(kx-\omega t)}\,\mathrm{d}x\mathrm{d}t \tag{2.189}$$

$$\tilde{s}(k,\omega)=\int_{-\infty}^{\infty}s(x,t)\mathrm{e}^{-\mathrm{i}(kx-\omega t)}\,\mathrm{d}x\mathrm{d}t=\eta\int_{0}^{\infty}\mathrm{e}^{\mathrm{i}\omega t}\,\mathrm{d}t=\frac{\mathrm{i}\eta}{\omega} \tag{2.190}$$

通过求解式(2.188),则 $\widetilde{C}(k,\omega)$ 为

$$\widetilde{C}(k,\omega)=\frac{-\eta}{\mathrm{i}\omega(\mathrm{i}\omega+Dk^2+\gamma)}=\frac{-\eta}{Dk^2+\gamma}\left(\frac{1}{\mathrm{i}\omega}-\frac{1}{\mathrm{i}\omega+Dk^2+\gamma}\right) \tag{2.191}$$

通过对式(2.191)进行傅里叶逆变换,式(2.185)的解为

$$C(x,t)=\frac{\eta}{2\beta D}l(x,t) \tag{2.192}$$

其中

$$l(x,t)=\left[\mathrm{e}^{-\beta x}-\frac{\mathrm{e}^{-\beta x}}{2}\mathrm{erfc}\left(\frac{2\beta Dt-x}{\sqrt{4Dt}}\right)-\frac{\mathrm{e}^{\beta x}}{2}\mathrm{erfc}\left(\frac{2\beta Dt+x}{\sqrt{4Dt}}\right)\right] \tag{2.193}$$

图2.21给出了不同 t 值时,$C(x,t)$ 随 x 的变化曲线。随着 t 的增加,可以达到远处的分子数增加。这一结果对应于2.3节中介绍的扩散过程中的主要结果。类似地,图2.22给出了不同发射速率 η 下的 $C(x,t)$ 随时间的变化情况($x=5$)。和预期的一样,$C(x,t)$ 随着发射速率的增加而增加。

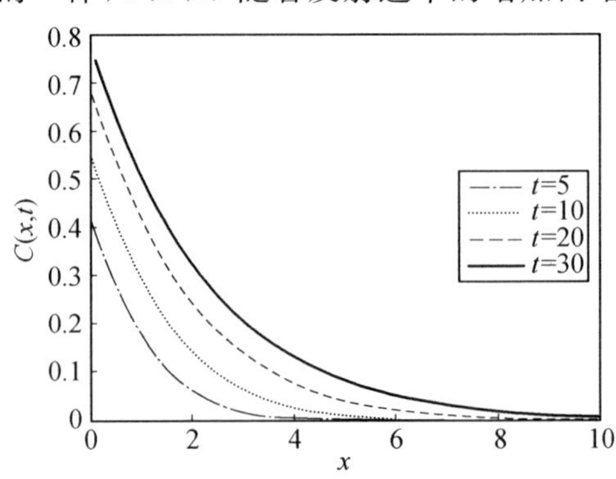

图2.21 不同 t 值时,$C(x,t)$ 随 x 的变化曲线

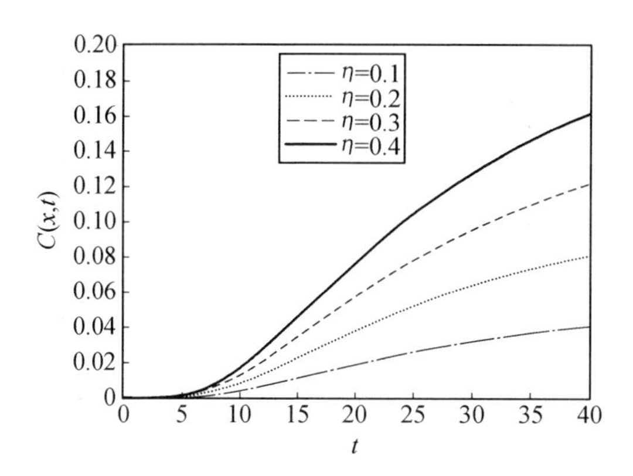

图 2.22　不同发射速率 η 下的 $C(x,t)$ 随时间的变化情况($x=5$)

在稳定状态下,式(2.185)的解 $C_s(x)$ 可以通过下面的方程获得:

$$D\frac{\partial^2 C_s(x)}{\partial x^2}-\gamma C_s(x)+\eta\delta(x)=0 \tag{2.194}$$

并且表示如下:

$$C_s(x)=\frac{\eta}{2\beta D}e^{-\beta x} \tag{2.195}$$

应注意到,对于 $2\beta Dt\pm x\gg\sqrt{4Dt}$,包含互补误差函数的项收敛于0,式(2.192)简化为式(2.195)。除了稳态特性,如果假设分子不降解或降解速率趋近于0($\gamma\to 0$),则式(2.185)变为

$$\frac{\partial}{\partial t}C(x,t)=D\frac{\partial^2}{\partial x^2}C(x,t)+s(x,t) \tag{2.196}$$

对于式(2.186)中给出的 $s(x,t)=\eta\delta(x)\Theta(t)$,式(2.196)的解可以通过对式(2.192)取 $\gamma\to 0$ 获得:

$$C(x,t)\mid_{\gamma\to 0}=\frac{\eta}{2D}\left[\frac{\sqrt{4Dt}}{\pi}e^{-\frac{x^2}{4Dt}}-x\,\mathrm{erfc}\left(\frac{x}{\sqrt{4Dt}}\right)\right] \tag{2.197}$$

对于 $s(x,t)=\eta\delta(x)\delta(t)$,式(2.197)简化为

$$C(x,t)\mid_{\gamma\to 0}=\frac{\eta}{\sqrt{4\pi Dt}}e^{-\frac{x^2}{4Dt}} \tag{2.198}$$

注意到这一解已经在式(2.50)中给出。使用和图2.21相同的设置,对于不同的时间 t,$C(x,t)\mid_{\gamma\to 0}$ 随 x 的变化曲线如图2.23所示。通过对比图2.21和图2.23,可以看出降解速率 γ 是如何影响 $C(x,t)$ 的变化的。在没有分子降解时,更多的分子可以传送到RN。

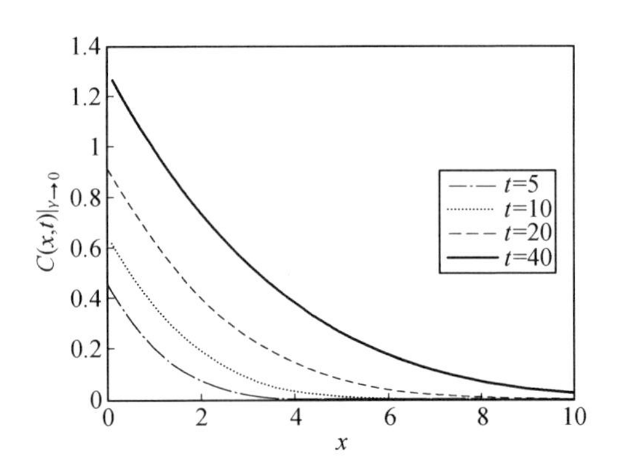

图 2.23　对于不同的时间 t,$C(x,t)|_{\gamma\to 0}$ 随 x 的变化曲线

值得注意的是,许多文献中都提到了PMC数学建模的研究工作[33,36,37]。在这些研究中,有兴趣的读者可以发现一些和本文类似的其他建模方法。在接下来的章节中,将会介绍完美吸收器的PMC模式通信理论和技术。

2.6　基于吸收器的PMC通信理论和技术

本节将介绍现阶段已有的PMC模式的通信理论和技术。首先,为了确定PMC速率,给出两种不同的信息理论方法;然后,介绍二进制PMC技术。

2.6.1　基于吸收器的PMC通信速率

正如传统的无线通信,需要研究PMC信道的通信速率以推断信息符号能以多快的速度借助信使分子进行通信。速率的计算取决于如何使用分子进行信息编码。使用分子的信息编码方式有两种。在第一种方法中,分子的浓度(或数目)被用于编码信息,因此,分子的信道被称为浓度信道。在第二种方法中,分子的释放时间被用于编码信息,分子的信道被称为定时信道。在接下来的部分中,将首先考察浓度信道的通信速率,然后讨论定时信道的通信速率问题。

2.6.2　基于吸收器的PMC浓度信道的通信速率

在浓度信道方式中,假设TN和RN处于图2.24所示的水性介质中。TN发射的分子在介质中扩散,它们中的一些与RN的表面碰撞并且发生反应。

每一个反应都是由分子和RN的表面碰撞引起的瞬发事件,并导致一个无限小的脉冲以允许RN推断分子的传送。与表面碰撞的分子并不是由RN捕获并永远封闭在其内部。碰撞后,我们假设分子在环境内继续它的自由扩散。假定RN被一个虚拟接收容积(VRV)包围,VRV的中心是RN的位置。VRV具有单位的体积,分子和RN的表面间所有的反应都在VRV中,如图2.24所示。此外,假设RN足够小以完全遵循分子和RN的表面之间反应的物理动力学[16]。

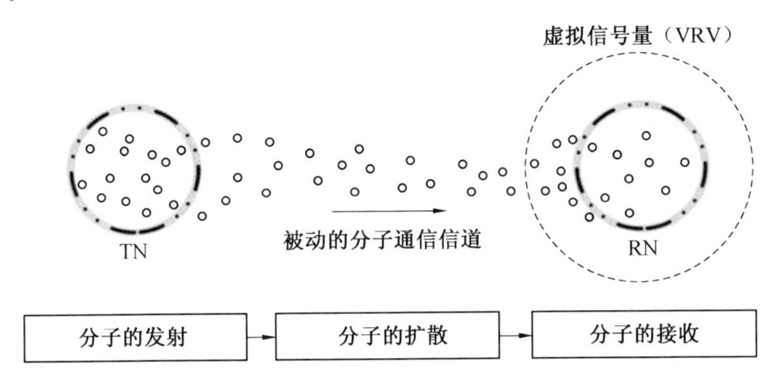

图2.24　在PMC信道下,发射纳米机器(TN)和接收纳米机器(RN)间的分子通信

假设TN在时刻t_0以初始浓度① x 发射分子S。注意到x可以看作分子信道的输入信号。发射的分子开始在介质中扩散,在t时刻,VRV中的分子浓度x_t为

$$x_t = \frac{x}{(4\pi Dt)^{3/2}} \mathrm{e}^{-\frac{d^2}{4Dt}} \tag{2.199}$$

其中,D是分子S的扩散系数;d是RN和TN间的距离。注意到式(2.199)在2.3.4节中的式(2.53)中已经介绍。x_t可以看作时刻t时VRV中能够与RN的表面接触并相互作用的平均分子数目。

由于不可能跟踪所有分子的位置,一段时间能发生反应的分子数目事实上是一个随机变量。然而,可以定义一个分子和RN表面之间的一次反应在一个无限小的时间间隔$[t,t+\mathrm{d}t)$内发生的概率,为$a(x_t)\mathrm{d}t$。事实上,$a(x_t)$

① 分子的浓度(微摩尔每升)乘以阿伏伽德罗常数(6.02×10^{23})可转化为分子的数目。因此,分子的数目和分子浓度是可以交换使用的。

通常指的是化学反应系统中随机分析的倾向函数,并且为随机化学动力学的随机模拟算法提供了理论基础[22,24]。$a(x_t)$ 具有如下特殊的数学形式[23]:

$$a(x_t) = px_t \tag{2.200}$$

其中,p 是 VRV 中分子和 RN 表面反应的特定概率速率常数;x_t 是式(2.199)中定义的 VRV 中分子的数目。

$p\mathrm{d}t$ 给出了下一段时间 $\mathrm{d}t$ 内,分子与 RN 表面随机发生反应的概率。利用分子的平均速度、VRV 的大小和分子及 RN 的体积,可以计算得到 $p\mathrm{d}t$[22]。将式(2.199) 给出的 p 和 x_t 代入到式(2.200) 中,$a(x_t)$ 可以写作

$$a(x_t) = \left[\frac{p\mathrm{e}^{-\frac{d^2}{4Dt}}}{(4\pi Dt)^{3/2}}\right]x \tag{2.201}$$

令 $y(t,\tau)$ 是发生在时间间隔$[t,t+\tau]$内的反应的数目。利用 $a(x_t)$,如果可以满足下面的边界条件,就有可能获得 $y(t,\tau)$ 的近似值。

(1)τ 足够小,也就是说

$$a(x_t) \cong a(x_{t+t'}), \quad \forall t' \in [t,t+\tau] \tag{2.202}$$

如果满足式(2.202),在间隔$[t,t+\tau]$内,反应的速率并不显著改变。有了这一条件,$y(t,\tau)$ 可以看作一个速率为 $\lambda = a(x_t)\tau$ 的泊松随机变量。

(2)τ 足够大,满足间隔$[t,t+\tau]$内发生反应的数目远大于 1,即

$$a(x_t)\tau \gg 1 \tag{2.203}$$

如果式(2.203) 得到满足,泊松随机变量 $y(t,\tau)$ 可以近似为相应的正态随机变量 $N(\lambda,\lambda)$,即 $N(a(x_t)\tau,a(x_t)\tau)$。正态随机变量 $y(t,\tau)$ 也可以利用式(2.204) 写成标准正态随机变量的形式:

$$N(\mu,\sigma^2) = \mu + \sigma N(0,1) \tag{2.204}$$

通过设定 $\mu = a(x_t)\tau, \sigma = [a(x_t)\tau]^{\frac{1}{2}}$,且代入到式(2.204) 中,$y(t,\tau)$ 可以表示为

$$y(t,\tau) = a(x_t)\tau + [a(x_t)\tau]^{\frac{1}{2}} z \tag{2.205}$$

其中,z 是标准随机变量 $N(0,1)$。利用 x_t 和 $a(x_t)$ 的微分,$y(t,\tau)$ 可以重写为

$$y(t,\tau) = \left[\frac{p\tau\,\mathrm{e}^{-\frac{d^2}{4Dt}}}{(4\pi Dt)^{3/2}}\right]x + \left[\frac{p\tau\,\mathrm{e}^{-\frac{d^2}{4Dt}}}{(4\pi Dt)^{3/2}}\right]^{\frac{1}{2}} z \tag{2.206}$$

发射分子的浓度 x 可以通过上限 x_{u} 归一化到$[0,1]$区间:

$$y(t,\tau)=\left[\frac{p\tau \mathrm{e}^{-\frac{d^2}{4Dt}}x_{\mathrm{u}}}{(4\pi Dt)^{3/2}}\right]\frac{x}{x_{\mathrm{u}}}+\left[\frac{p\tau \mathrm{e}^{-\frac{d^2}{4Dt}}x_{\mathrm{u}}}{(4\pi Dt)^{3/2}}\ \frac{x}{x_{\mathrm{u}}}\right]^{\frac{1}{2}}z \tag{2.207}$$

方程(2.207)可以简化为

$$y(t,\tau)=h(t,\tau)\bar{x}+[h(t,\tau)\bar{x}]^{\frac{1}{2}}z \tag{2.208}$$

其中，$\bar{x}$ 表示归一化的 x，即 $\bar{x}=\frac{x}{x_{\mathrm{u}}}$；$h(t,\tau)$ 定义如下：

$$h(t,\tau)=\frac{p\tau \mathrm{e}^{-\frac{d^2}{4Dt}}x_{\mathrm{u}}}{(4\pi Dt)^{3/2}} \tag{2.209}$$

其中，$\bar{x}$ 是信道输入；$y(t,\tau)$ 是信道输出；$h(t,\tau)$ 是信道增益，是$[h(t,\tau)\bar{x}]^{\frac{1}{2}}z$ 包含白噪声项 z 和输入相关项$[h(t,\tau)\bar{x}]^{\frac{1}{2}}z$ 的噪声项。

显然，式(2.208)组成了由 RN 接收分子信号的模型，且与高斯信道模型类似。由于信道增益 $h(t,\tau)$ 是时间的函数，PMC 信道具有时变特征。然而，基于 $h(t,\tau)$ 在每个$[t,t+\tau]$ 变化很小的假设，可以通过每个连续的时间间隔 τ 来研究分子通信信道的特征。因此，考虑连续的时间间隔 τ 来研究式(2.208)中给出的分子信道通信速率。应注意到，在接下来的分析中，为了便于说明，归一化的信道输入表示为 x，而不是 $\bar{x}$。

利用 x 和 z 的二项展开式，式(2.208)可以重写为[8]

$$y(t,\tau)=2^{\log_2 h(t,\tau)}\sum_{i=1}^{\infty}x(i)2^{-i}+2^{\frac{1}{2}\log_2 h(t,\tau)x}\sum_{i=-\infty}^{\infty}z(i)2^{-i} \tag{2.210}$$

其中，$\log_2(\cdot)$ 是以 2 为底的对数。

通过设置白噪声项 z 的峰值功率为 1，式(2.210)可以近似为

$$y(t,\tau)\approx 2^{n(t,\tau)}\sum_{i=1}^{\infty}x(i)2^{-i}+2^{k(t,\tau)}\sum_{i=1}^{\infty}z(i)2^{-i} \tag{2.211}$$

其中，$[\log_2 h(t,\tau)]=n(t,\tau)$ 和$[\frac{1}{2}\log_2 h(t,\tau)x]=k(t,\tau)$。

通过进一步简化，式(2.211)可以表示为

$$y(t,\tau)\approx 2^{n(t,\tau)}\sum_{i=1}^{n(t,\tau)-k(t,\tau)}x(i)2^{-i}+ \\ 2^{k(t,\tau)}\sum_{i=1}^{\infty}[x(i+n(t,\tau)-k(t,\tau))+z(i)]2^{-i} \tag{2.212}$$

忽略第二项 $\sum_{i=1}^{\infty}[x(i+n(t,\tau)-k(t,\tau))+z(i)]2^{-i}$ 中的进位，式(2.212)

约等于式(2.210)。如式(2.212)中$[n(t,\tau)-k(t,\tau)]$所示,RN接收输入信号x中最高位,且不受噪声的影响,其他低位受噪声的影响而被淹没[8]。因此,时间间隔$[t,t+\tau]$内,确定性分子信道实现的分子信息速率$R(t,\tau)$(bits/τ)可以给出:

$$R(t,\tau)=n(t,\tau)-k(t,\tau)=[\log_2 h(t,\tau)]-\left[\frac{1}{2}\log_2 h(t,\tau)x\right] \tag{2.213}$$

图2.25给出了对于不同的节点距离d,$R(t,\tau)$随时间的变化曲线。速率$R(t,\tau)$随着d的增加而减小。这是由于能够到达RN附近并由RN接收的分子数目随着d的增加而降低。

接下来,将会讨论完美吸收器的PMC时间信道的通信速率[42]。在进入下一部分之前,需要注意在文献中可以找到其他解决浓度信道通信速率的方法,例如,参考文献[38]中就提供了另一种重要的方法。

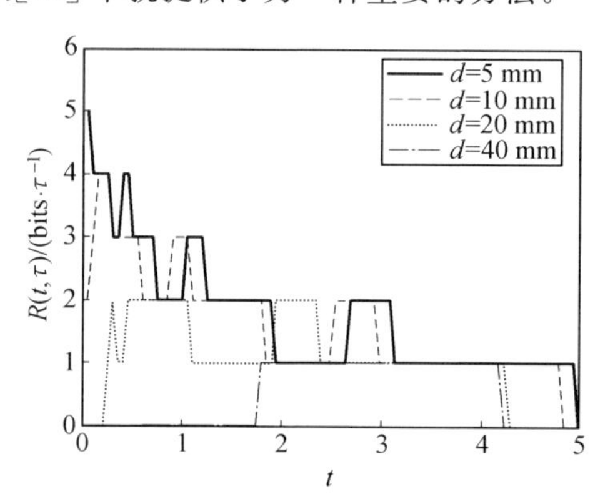

图2.25 对于不同的节点距离d,$R(t,\tau)$随时间的变化曲线

2.6.3 基于吸收器的PMC时间信道的通信速率

在时间信道方式中,假定TN能够控制发射分子的释放时间和数量。假定发射的分子一旦到达RN,RN便直接将分子吸收,而不返回到介质中。当分子到达时,RN测量分子的到达时间。这需要TN和RN之间时间上的同步。TN通过释放分子到介质中传输信息X,其中$X\in\chi$,χ是随机变量,并具有有限基数$|\chi|$。考虑介质具有正的漂移速度v和扩散系数D。如果分子在时刻$x=0$时,位置$w=0$处释放到介质中,在维纳过程下,在时刻$x>0$时,粒

子位置 w 的概率密度 $f_W(w;x)$ 可以如下给出[28]：

$$f_W(w;x)=\frac{1}{\sqrt{2\pi\sigma^2 x}}e^{-\frac{(w-vx)^2}{2\sigma^2 x}} \tag{2.214}$$

其中，$\sigma^2=D/2$，并且注意到式(2.214)是位置 w 的概率密度函数，且服从均值为 vx、方差为 $\sigma^2 x$ 的高斯分布。令 N 表示最先到达的时间，N 是随机变量，对于 $v>0$，它的分布 $f_N(n)$ 可以表示为逆高斯(IG)分布如下：

$$f_N(n)=\begin{cases}\sqrt{\dfrac{\lambda}{2\pi n^3}}\exp\left(-\dfrac{\lambda(n-\mu)^2}{2\mu^2 n}\right) & (n>0)\\ 0 & (n\leqslant 0)\end{cases} \tag{2.215}$$

其中，$\mu=d/v$；$\lambda=d^2/\sigma^2$；d 是 TN 和 RN 之间的距离；N 的均值和方差分别为 μ 和 μ^3/λ。式(2.215)中 IG 分布的简写是 $\mathrm{IG}(\mu,\lambda)$，即 $N\sim\mathrm{IG}(\mu,\lambda)$。

如果假定信息被编码于每个分子的发射时间，信号或字符是 $\chi\subset\mathbf{R}_+$，符号 $X=x$ 表示 t 时刻单个分子的释放。假设分子在位置 0 处释放，它通过一个维纳过程以 $v>0$ 的漂移速度传播，且维纳过程的方差为 σ^2，到达 RN 的时刻为 $Y\in\mathbf{R}_+$，则 Y 可以表达为

$$Y=x+N \tag{2.216}$$

其中，N 是维纳过程中最先的到达时刻。信息在每个分子的发射时间进行编码，Y 是分子信道的信道输出。假设一个示例场景，其中信息符为 $\chi=\{x_1,\cdots,x_t\}$，概率 $\Pr\{x_i\}=p_i$。如果 $p_i=1/t$，TN 在每个使用的信道上至多传输 $\log_2(t)$ 个奈特的信息。假设在时刻 x_i，TN 传输信息 i。然后 RN 在时刻 $Y=x_i+N$ 时接收信息 i。注意到 N 是分子到达 RN 所需的随机延时。在接收到分子后，RN 估算传输的信息(即 $\hat{X}$)。如果 $\hat{X}=x_i$，传输是成功的，否则，分子通信的过程中存在错误。

信道输入为 $X=x$ 时，观察的信道输出 $Y=y$ 的概率密度可以写作

$$f_{Y|X}(y|x)=\begin{cases}\sqrt{\dfrac{\lambda}{2\pi(y-x)^3}}\exp\left(-\dfrac{\lambda(y-x-\mu)^2}{2\mu^2(y-x)}\right) & (y>x)\\ 0 & (y\leqslant x)\end{cases} \tag{2.217}$$

正如式(2.216)所体现的，该信道受到一个可视为加性噪声的随机传播时间 N 的影响。由于加性噪声具有 IG 分布，式(2.216)定义的分子信道被称

为加性逆高斯噪声（AIGN）信道。AIGN与传统的高斯白噪声（AWGN）信道类似，包含一个输入项和一个具备高斯白噪声分布的噪声项。和AWGN情况一样，AIGN信道中的信道输入X和信道输出Y之间的互信息$I(X;Y)$可以写作

$$\begin{aligned} I(X;Y) &= h(Y) - h(Y \mid X) = h(Y) - h(X+N \mid X) \\ &= h(Y) - h(N \mid X) \end{aligned} \tag{2.218}$$

假设X和N是彼此统计独立的，$I(X;Y)$可以简化为

$$I(X;Y) = h(Y) - h(N) \tag{2.219}$$

其中，$h(n)$和$h(N)$分别表示随机变量Y和N的微分熵。

服从$\mathrm{IG}(\mu,\lambda)$分布的微分熵$h_{\mathrm{IG}(\mu,\lambda)}$可以表示为

$$h_{\mathrm{IG}(\mu,\lambda)} = \log_2(2\mathrm{K}_{-1/2}(\lambda/\mu)\mu) + \frac{3}{2}\frac{\dfrac{\partial}{\partial_\gamma}\mathrm{K}_\gamma(\lambda/\mu)\mid_{\gamma=-1/2}}{\mathrm{K}_{-1/2}(\lambda/\mu)} + \frac{\lambda}{2\mu}\frac{\mathrm{K}_{1/2}(\lambda/\mu)+\mathrm{K}_{-3/2}(\lambda/\mu)}{\mathrm{K}_{-1/2}(\lambda/\mu)} \tag{2.220}$$

其中，$\mathrm{K}_\gamma(\cdot)$是γ阶第二类修正贝塞尔函数。由于噪声项服从$\mathrm{IG}(\mu,\lambda)$分布，因此$h(N)=h_{\mathrm{IG}(\mu,\lambda)}$。

AIGN信道的容量是最大互信息，这可以通过在所有可能的输入分布为$f_X(x)$时的互信息$I(X;Y)$取最大值时获得。这些输入分布的设置主要受限于输入信号应用相关的限制，如峰值限制或平均受限的输入。因此，输入信号的平均限制考虑如下：

$$E[X] \leqslant m \tag{2.221}$$

换句话说，式(2.221)也意味着TN平均等待m s来传输输入信号。基于这一限制，AIGN信道的信道容量C表示为

$$C = \max_{f_X(x);E|x|\leqslant m} I(X;Y) = \max_{f_X(x);E|x|\leqslant m} h(Y) - h_{\mathrm{IG}(\mu,\lambda)} \tag{2.222}$$

从式(2.220)可以看出，$\mathrm{e}^{-\frac{d^2}{4Dt}}$独立于$f_X(x)$，式(2.222)中的$C$可以简化为

$$C = -h_{\mathrm{IG}(\mu,\lambda)} + \max_{f_X(x);E|x|\leqslant m} h(Y) \tag{2.223}$$

由于信道输入X和IG分布的第一到达时间N是非负的，Y也是非负的，且$E[Y]\leqslant m+\mu$。注意到μ是服从IG分布的N的均值，即$\mathrm{IG}(\mu,\lambda)$，m是输

入信号均值的上限，即 $E[X] \leqslant m$。具有平均约束的非负随机变量的最大熵分布是以该均值的上限为参数的指数分布[16]。对于具有约束 $E[Y] \leqslant m+\mu$ 的信道输出 Y，最大熵分布是指数的，且 Y 的最大熵是 $\log_2((m+\mu)\mathrm{e})$。换言之，$h(Y)$ 的熵满足

$$\max_{f_X(x):E|x| \leqslant m} h(Y) \leqslant \log_2((\mu+m)\mathrm{e}) \tag{2.224}$$

利用式(2.224)和式(2.223)中 $h(Y)$ 的上限，AIGN信道的容量上限可以表示为

$$C \leqslant \log_2((\mu+m)\mathrm{e}) - h_{\mathrm{IG}(\mu,\lambda)} \tag{2.225}$$

式(2.225)介绍的AIGN信道容量是基于式(2.221)介绍的平均等待时间约束得到的。然而，如果仅仅平均受限，最大等待时间就是无限的。因此，可以考虑等待时间的峰值约束来提供一个更为实际的AIGN信道版本。在峰值受限的AIGN(PCAIGN)信道中，具有最大等待时间 T，在到达该时间时，RN需要根据观察做出决定。与AIGN信道的容量类似，PCAIGN信道的容量可以通过求解 $C=\max I(X;Y)=h(Y)-h(Y|X)$ 获得。在这个表达式中，$h(Y|X)$ 项表示给定输入下噪声的不确定度。因此，$h(Y|X)$ 直观地等于噪声的熵 $h(N)$。然而，在PCAIGN信道中，噪声 n 被限制为 $n \leqslant T$。因此，为了计算PCAIGN信道的容量，需要计算 $h(N \mid n \leqslant T)$，而不是 $h(N)$。关于推导方面的细节详见参考文献[41]。

2.6.4　基于吸收器的PMC二进制调制

在前面的章节中，通过将PMC信道看作浓度信道和定时信道研究了PMC的速率。然而，先前的这些讨论中没有考虑哪种PMC技术可以用于有效地传输和接收分子信息。和传统的通信模式一样，二进制调制是PMC中最具前景的调制技术之一。在这里，介绍3种不同的二进制PMC方案。在第一种方案中，单个信使分子的发射和接收被用于传递二进制符号，即0和1。在第二种方案中，用不止一个分子发送和接收二进制符号。在第三种方案中，采用两种不同类型的分子来传递二进制符号。接下来，将会详细阐述这3种方案。

2.6.5　基于单分子的二进制调制

二进制方案是在时隙持续时间 τ 开始的时候，TN发射单个分子来传输

“1”[5]①。如果 RN 在 τ 的时间内接收这个分子,那么就假设“1”成功传送。对于“0”的传送,TN 没有发射分子,如果 RN 在时间 τ 内没有接收分子,那么认为成功传送;否则,当前的传送被认为是不成功的。图 2.26 给出了 TN 和 RN 之间二进制 PMC 方案的时序图。假设任意一个到达 RN 的分子所经历的延时 t 遵循如下概率密度函数[28]:

$$f(t)=\frac{d}{\sqrt{4\pi Dt^3}}\mathrm{e}^{-\frac{d^2}{4Dt}}\quad(t>0)\tag{2.226}$$

其中,D 是分子的扩散系数;d 是 TN 和 RN 之间的距离。

注意到式(2.57)已经给出了概率密度函数,即式(2.226)。密度函数 $f(t)$ 的相关累积分布函数 $F(t)$ 可以写作

$$F(t)=\mathrm{erfc}\left[\frac{d}{2\sqrt{Dt}}\right]\quad(t>0)\tag{2.227}$$

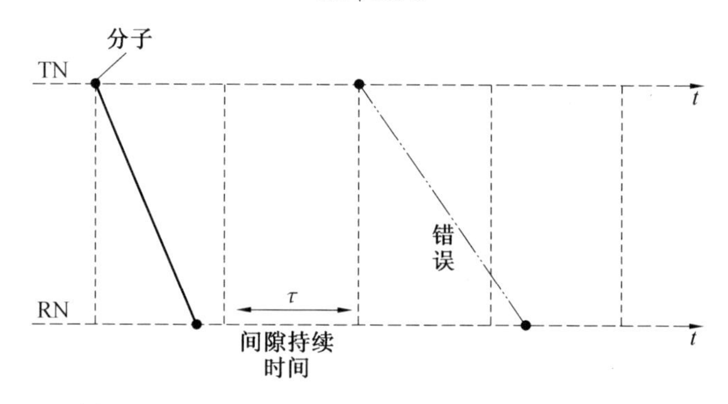

图 2.26 TN 和 RN 之间二进制 PMC 方案的时序图

(图中显示了一个传输成功的“1”和一个传输错误的“1”)

假设 TN 在时隙 n 以 β_n 的信道传输概率传输“1”,或以 $(1-\beta_n)$ 的传输概率传输“0”。因此,时隙 n 的信道输入 X_n,满足 $X_n\sim \mathrm{Bernoulli}(\beta_n),\forall n\in\{1,2,\cdots\}$。我们首先关注时隙 n 发射的分子。对于 $X_n=1$ 的情况,RN 成功接收的概率 α_n 为

$$\alpha_n=\beta_n F(\tau)\tag{2.228}$$

在时隙 n 内发射的分子不能成功到达 RN 的概率,即意味着位“1”没有成功传输的概率 ξ_n 为

① TN 和 RN 在固定的时隙持续时间内彼此同步地发射和接收分子。

$$\xi_n = \beta_n(1 - F(\tau)) \tag{2.229}$$

对于 $X_n = 0$ 的情况，成功传输的概率 ζ_n 为

$$\zeta_n = (1 - \beta_n) \tag{2.230}$$

因此，在时隙 n 内，RN 接收“1”的概率为 α_n，接收“0”的概率为 $\xi_n + \zeta_n = (1 - \alpha_n)$。这也可以用一个伯努利随机变量来表征，即 $G_n \sim \text{Bernoulli}(\alpha_n)$。除了时隙 n 内所发射的分子，前 $(n-1)$ 个时隙持续时间内发射的且没有被 RN 接收的分子，也可能到达 RN。我们假定在时隙 $k \in \{1,2,\cdots,n-1\}$ 以概率 β_k 发射的分子没有被 RN 接收，这一分子在时隙 n 内到达 RN 的概率 λ_{nk} 为

$$\lambda_{nk} = \beta_k[F((n-k+1)\tau) - F((n-k)\tau)] \quad (k < n) \tag{2.231}$$

时隙 k 发射的分子在时隙 n 内没有被 RN 接收的概率为 $(1 - \lambda_{nk})$。事实上，这样一个迟到的分子可以被看作一个噪声项，并由伯努利随机变量表征，即 $\Gamma_{n,k} \sim \text{Bernoulli}(\lambda_{nk})$，其中 $k \in \{1,2,\cdots,(n-1)\}$。注意到每个 $\Gamma_{n,k}$ 彼此独立，且 k 取任意值时 $\Gamma_{n,k}$ 和 G_n 都是独立的，如图 2.27 所示。因此，时隙 n 总的噪声 Z_n 可以通过合并所有这些噪声项表示如下：

$$Z_n = \sum_{k=1}^{n-1} \Gamma_{n,k} \tag{2.232}$$

时隙 n 的信道输出 Y_n 可以定义为输入项 G_n 和噪声项 Z_n 的和，即 $Y_n = G_n + Z_n$。由于 Y_n 和 Z_n 分别是范围 $\{0,1,2,\cdots,n\}$ 和 $\{0,1,2,\cdots,n-1\}$ 内的伯努利随机变量的和，它们分别由具有如下概率质量函数（PMFs）的两个泊松二项随机变量描述：

$$p_i = \sum_{A \in \mathcal{S}_i} \prod_{k \in A} \lambda_{nk} \prod_{j \in A^c} (1 - \lambda_{nj}) \tag{2.233}$$

$$q_i = \sum_{B \in \mathcal{T}_i} \prod_{l \in B} \lambda_{nl} \prod_{m \in B^c} (1 - \lambda_{nm}) \tag{2.234}$$

其中，$\Pr(Y_n = i) = p_i, i \in \{0,1,\cdots,n\}$ 和 $\Pr(Z_n = i) = q_i, i \in \{0,1,\cdots,n-1\}$；$\mathcal{S}_i$ 和 $\mathcal{T}_i$ 分别是所有包括 $\{1,2,\cdots,n\}$ 和 $\{1,2,\cdots,n-1\}$ 的 i 个整数的子集；A 代表 $\mathcal{S}_i$ 中的元素，B 代表 $\mathcal{T}_i$ 中的元素，上标 c 表示补操作。

信道输入 X_n 和信道输出 Y_n 之间的互信息为

$$I(X_n;Y_n) = H(Y_n) - H(Y_n \mid X_n) = H(G_n + Z_n) - H(G_n + Z_n \mid X_n) \tag{2.235}$$

由于 $X_n \sim \text{Bernoulli}(\beta_n)$,$G_n \sim \text{Bernoulli}(\beta_n F(\tau))$,$F(\tau)$ 是一个恒定的概率,如果给定 X_n,则可以确定 G_n。如图 2.27 所示,X_n 和 Z_n 是独立的。因此,$H(G_n|X_n)=0$,$H(Z_n|X_n)=H(Z_n)$,$I(X_n;Y_n)$ 可以简化为

$$I(X_n;Y_n)=H(Y_n)-H(Z_n)=-\sum_{i=0}^{n}p_i\log_2 p_i+\sum_{i=0}^{n-1}q_i\log_2 q_i \tag{2.236}$$

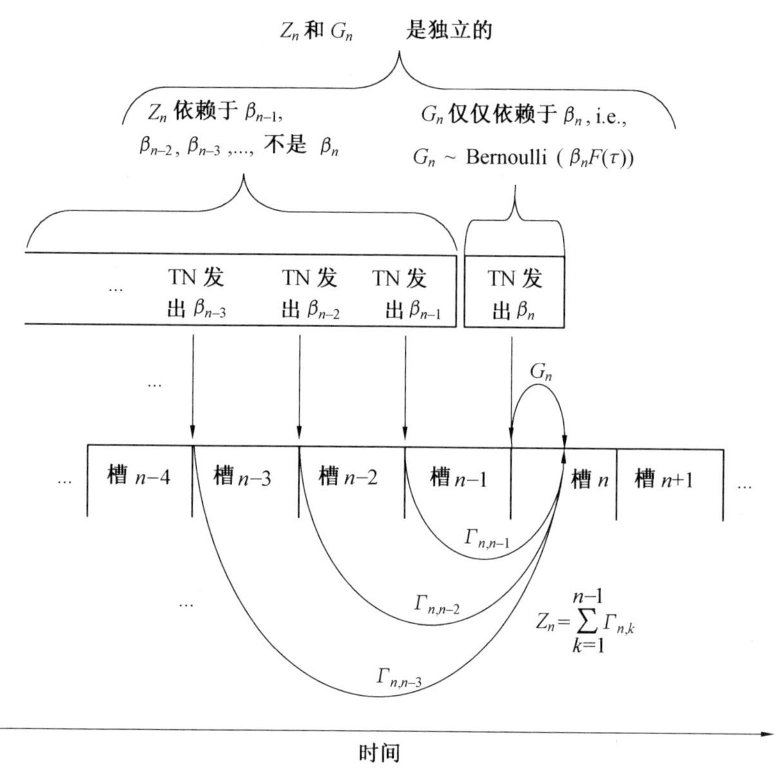

图 2.27 独立随机变量 G_n 和 Z_n 的产生示意图

时隙 n 可实现的最大速率 C_n 为

$$C_n=\max_{\beta_n} I(X_n;Y_n) \tag{2.237}$$

基于式(2.233)和式(2.234)中的 p_i 和 q_i 的统计独立性,p_i 可以表示为 q_i 和 α_n 的函数:

$$\begin{aligned}p_i&=\alpha_n q_{i-1}+(1-\alpha_n)q_i=q_i+\alpha_n(q_{i-1}-q_i)\\&=q_i+\beta_n F(\tau)(q_{i-1}-q_i)=q_i+\beta_n F(\tau)r_i\end{aligned} \tag{2.238}$$

其中，$r_i = q_{i-1} - q_i$。利用 $p_i = q_i + \beta_n F(\tau) r_i$，$\partial I_n(X_n;Y_n)/\partial\beta_n$ 可以写作

$$\frac{\partial I_n(X_n;Y_n)}{\partial\beta_n} = -\sum_{i=0}^{n} F(\tau) r_i \log_2[q_i + \beta_n F(\tau) r_i] - \sum_{i=0}^{n} F(\tau) r_i \tag{2.239}$$

注意到 $q_{-1} = q_n = 0$，$r_i = q_{i-1} - q_i$ 且 $\sum_{i=0}^{n} F(\tau) r_i = 0$，因此，式(2.239)变为

$$\frac{\partial I_n(X_n;Y_n)}{\partial\beta_n} = -F(\tau) r_0 \log_2[q_0 + \beta_n F(\tau) r_0] - \sum_{i=1}^{n} F(\tau) r_i \log_2\left[\left[1 + \frac{q_i}{\beta_n F(\tau) r_i}\right]\beta_n F(\tau) r_i\right] \tag{2.240}$$

在式(2.240)中，项 $\log_2\left[1 + \frac{q_i}{\beta_n F(\tau) r_i}\right]$ 可以紧束缚近似为

$$\log_2\left[1 + \frac{q_i}{\beta_n F(\tau) r_i}\right] \approx \frac{q_i}{\beta_n F(\tau) r_i},\ \left|1 + \frac{q_i}{\beta_n F(\tau) r_i}\right| < 0.1\ \forall i \tag{2.241}$$

则式(2.240)变为

$$\frac{\partial I_n(X_n;Y_n)}{\partial\beta_n} = -F(\tau) r_0 \log_2[q_0 + \beta_n F(\tau) r_0] - \sum_{i=1}^{n} F(\tau) r_i [\log_2[F(\tau) r_i] + \log_2(\beta_n)] - \sum_{i=1}^{n} \frac{q_i}{\beta_n} \tag{2.242}$$

由于 $\sum_{i=1}^{n} r_i = q_0$，$\sum_{i=1}^{n} q_i = 1 - q_0$ 和 $r_0 = -q_0$，则式(2.242)也可以修改为

$$\frac{\partial I_n(X_n;Y_n)}{\partial\beta_n} \approx -F(\tau) q_0 \left[\log_2\left(1 + \frac{\beta_n + \beta_n F(\tau) - 1}{1 - \beta_n F(\tau)}\right)\right] - \frac{(1 - q_0)}{\beta_n} - \sum_{i=1}^{n} F(\tau) r_i \log_2[F(\tau) r_i] - F(\tau) q_0 \log_2\left[\frac{1}{q_0}\right] \tag{2.243}$$

在式(2.243)中，$\log_2\left(1 + \frac{\beta_n + \beta_n F(\tau) - 1}{1 - \beta_n F(\tau)}\right)$ 可以近似为

$$\log_2\left(1 + \frac{\beta_n + \beta_n F(\tau) - 1}{1 - \beta_n F(\tau)}\right) \approx \frac{\beta_n + \beta_n F(\tau) - 1}{1 - \beta_n F(\tau)} \quad \left(\left|\frac{\beta_n + \beta_n F(\tau) - 1}{1 - \beta_n F(\tau)}\right| < 0.1\right) \tag{2.244}$$

基于这一近似，式(2.243)简化为

$$\frac{\partial I_n(X_n;Y_n)}{\partial \beta_n} \approx -F(\tau)q_0\left[\frac{\beta_n+\beta_n F(\tau)-1}{1-\beta_n F(\tau)}\right]-\frac{(1-q_0)}{\beta_n}- \sum_{i=1}^{n}F(\tau)r_i\log_2[F(\tau)r_i]- F(\tau)q_0\log_2\left(\frac{1}{q_0}\right) \tag{2.245}$$

然后,最优的 β_n(即 $\hat{\beta}_n$),可以通过求解式(2.245)中的$\frac{\partial I_n(X_n;Y_n)}{\partial \beta_n}=0$ 得出

$$\hat{\beta}_n \in \frac{-\delta+F(\tau)-\sqrt{[\delta-F(\tau)]^2-4(1-q_0)\Sigma}}{2\Sigma} \tag{2.246}$$

其中,Σ 和 δ 表达为

$$\Sigma=-\delta F(\tau)+F(\tau)q_0+F(\tau)^2q_0 \tag{2.247}$$

$$\delta=\sum_{i=1}^{n}F(\tau)r_i\log_2 F(\tau)r_i-F(\tau)q_0\log_2(q_0) \tag{2.248}$$

对于 $\beta_1=0.3$ 和 $\tau=0.5$ s,图 2.28 给出了对于不同的 RN 和 TN 间的距离 d,$\hat{\beta}_n$ 随间隙数的变化曲线。随着节点间的距离 d 从 $d=0.05$ μm 变化到 $d=1$ μm,$\hat{\beta}_n$ 略微增加并快速地收敛到最优值。这表明具有收敛性的 $\hat{\beta}_n$ 被用于确定码字中“1”的平均比特数来确保高的 PMC 速率。采用和图 2.28 中相同的设置,最大可实现 PMC 速率 C_n 随时隙数的变化曲线如图 2.29 所示。随着 RN 和 TN 越来越近,在时隙数为 20 的时候,最大可实现 PMC 速率从 0.61 变化到 0.69 奈特 / 次或从 0.88 变化到0.993 比特 / 次。这表明最佳的传输概率使得高速分子通信速率成为可能。随着时隙数的增加,C_n 下降,并且 d 越大,下降得也就越多。这是由于分子在介质中徘徊的行为和信道中的噪声类似,会消极地影响 PMC 的表现。注意到在图 2.28 和图 2.29 的仿真结果中,总是满足式(2.241)和式(2.244)中的紧束缚近似。因此,计算出的 $\hat{\beta}_n$ 是信道最优传输概率 $\hat{\beta}_n$ 的紧束缚近似。

正如 2.5.1 节中介绍的,信使分子一旦由 TN 发射,它就成为激活态,并且不管何时由 RN 接收均视为是信使。然而,由于介质的 pH、温度或者一些淬灭酶,信使分子可能发生降解。现在,假设在上面介绍的二进制 PMC 方案中,信使分子随着时间降解。令 $g(u)$ 表示分子寿命(或环境中分子的稳定性)的概率密度函数,并给出 $g(u)=\gamma e^{-\gamma u}$[35]。在时隙 k,$k\in\{1,2,\cdots,n\}$,发射的

分子在时隙 n 被接收的概率可以表示为

$$\hat{\lambda}_{nk}=\beta_k\int_{(n-k)\tau}^{(n-k+1)\tau}f(t)\int_t^{\infty}g(u)\mathrm{d}u\mathrm{d}t \tag{2.249}$$

其中，$f(t)$ 是式(2.226) 中介绍的概率密度分布。

利用这一概率代替式(2.231)，上面提到的二进制 PMC 调制方案可以直接应用在基于分子寿命假设的 PMC 方案中。

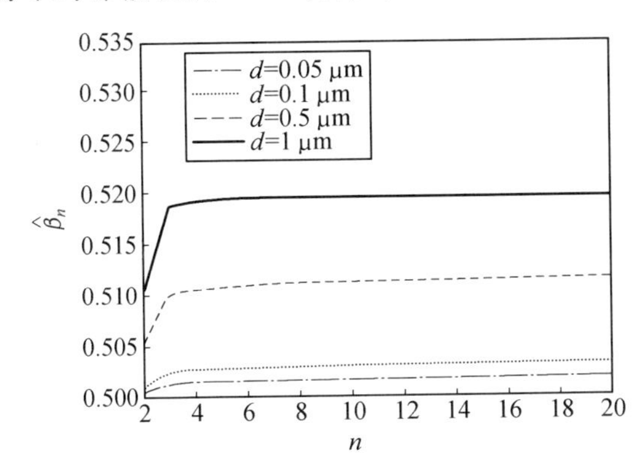

图 2.28　对于不同的 RN 和 TN 间的距离 d，$\hat{\beta}_n$ 随间隙数的变化曲线

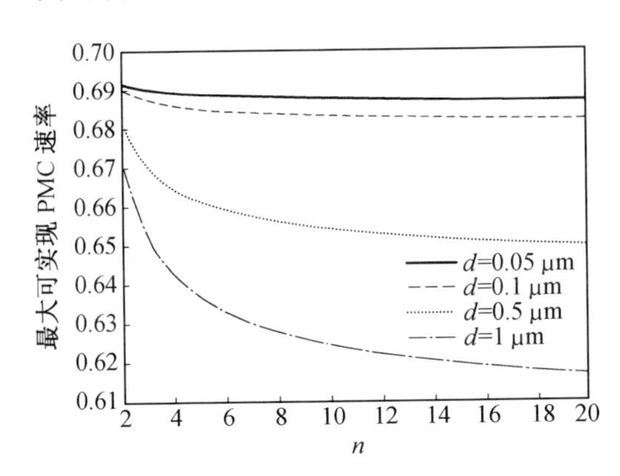

图 2.29　对于不同的 RN 和 TN 间的距离 d，最大可实现 PMC 速率 C_n 随时隙数的变化曲线

2.6.6　基于多分子的二进制调制

在上述介绍的二进制调制方案中，“0” 和“1” 的传输和接收是基于单个信使分子的发射和接收进行的。然而，在 PMC 二进制方案中也可以采用多个分

子的发射和接收来进行信息的传输和接收。假设这样一个二进制调制方案,TN在时隙持续时间的开始时(τ)发射 N个分子来传输"1"。发射的分子在介质中自由扩散。这些分子中的一部分随机地撞到RN上,因此,它们被RN接收。如果接收分子的数目多于或等于 m,就假设"1"被成功地传送到RN,如图2.30所示。为了传输"0",TN在 τ 的时间内不发射分子。事实上,基于多分子的二进制PMC方案是2.6.5节所介绍的二进制PMC方案的简单扩展,并且可以通过下面类似的方法来进行分析。

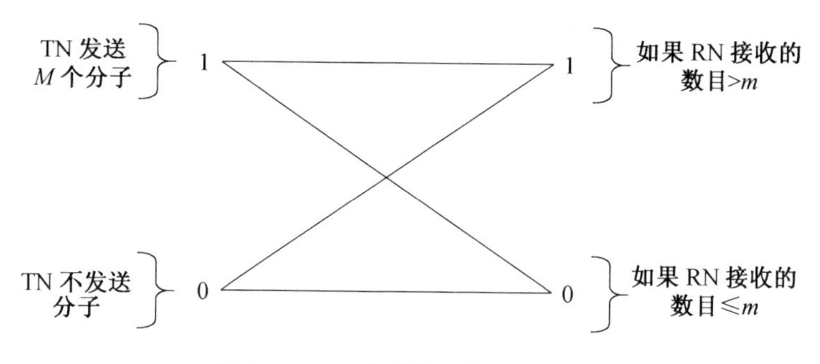

图2.30 二进制分子模型图解

假设TN在时隙开始时通过发射 N 个分子来传输"1",概率为 β。传输"0"的概率为 $(1-\beta)$。在时隙 n,RN可能接收时隙 k 开始时发射的分子,$k \in \{1,2,\cdots,n-1\}$。时隙 k 时刻发射的分子在时隙 n 被接收的概率 $\bar{\lambda}_{nk}$ 为

$$\bar{\lambda}_{nk} = \beta[F((n-k+1)\tau) - F((n-k)\tau)] \quad (k < n) \tag{2.250}$$

注意到 $F(\tau)$ 在式(2.227)中已经给出,λ_{nk} 只有在 $k<n$ 时才存在。然而,λ_{nn} 可以通过 $\lambda_{nn}=\beta F(\tau)$ 给出。事实上,时隙 k 发射并在时隙 n 被接收的分子的数目可以特征化为一个随机变量 $Z_{n,k}$,并遵循二项式分布,即 $Z_{n,k} \sim \text{Binomial}(N,\bar{\lambda}_{nk})$,并具有如下概率质量函数(PMF):

$$\Lambda_{n,k}(j;N,\bar{\lambda}_{nk}) = \binom{N}{j}\bar{\lambda}_{nk}^{j}(1-\bar{\lambda}_{nk})^{N-j} \tag{2.251}$$

假定 N 足够大,二项式分布 $(N,\bar{\lambda}_{nk})$ 可以近似为正态分布 $\mathcal{N}(N\bar{\lambda}_{nk}, N\bar{\lambda}_{nk}(1-\bar{\lambda}_{nk}))$,因此

$$Z_{n,k} \sim \mathcal{N}(N\bar{\lambda}_{nk}, N\bar{\lambda}_{nk}(1-\bar{\lambda}_{nk})) \tag{2.252}$$

通过结合所有先前时隙 k 的影响,$k \in \{1,2,\cdots,n-1\}$,在时隙 n 内,RN接收的分子数目可以表示为

$$Z_n = \sum_{k=1}^{n-1} Z_{n,k} \tag{2.253}$$

由于正态分布的线性特点，Z_n 的分布是正态分布，即

$$Z_n \sim \mathcal{N}(\mu_z, \sigma_z^2) \tag{2.254}$$

其中，μ_z 和 σ_z 表示如下：

$$\begin{cases} \mu_z = \sum_{k=1}^{n-1} N\bar{\lambda}_{nk} \\ \sigma_z^2 = \sum_{k=1}^{n-1} [N\bar{\lambda}_{nk}(1-\bar{\lambda}_{nk})] \end{cases} \tag{2.255}$$

由于 Z_n 描述的是先前所有时隙对当前时隙的影响（即时隙 n），因此可以看作 PMC 信道中的噪声项。假设 TN 在时隙 n 开始时，通过发射 N 个分子来传输“1”。在时隙 n 发射的分子在时隙 n 内被接收的数目也是一个随机变量，即 X_n，并遵从二项式分布 $X_n \sim \text{Binomial}(N, \bar{\alpha}_n)$，其概率质量函数 PMF 为

$$\Lambda_n(j; N, \bar{\alpha}_n) = \binom{N}{j} \bar{\alpha}_n^j (1-\bar{\alpha}_n)^{N-j} \tag{2.256}$$

其中，$\bar{\alpha}_n = \bar{\lambda}_{nn} = BF(\tau)$。

此二项式分布也可以近似为一个正态分布 $\mathcal{N}(N\bar{\alpha}_n, N\bar{\alpha}_n(1-\bar{\alpha}_n))$，因此

$$X_n \sim \mathcal{N}(\mu_x, \sigma_x^2) \tag{2.257}$$

其中，μ_x 和 σ_x 表示如下：

$$\begin{cases} \mu_x = N\bar{\alpha}_n \\ \sigma_x^2 = [N\bar{\alpha}_n(1-\bar{\alpha}_n)] \end{cases} \tag{2.258}$$

利用 X_n 和 Z_n，对于 TN 在时隙 n 发射“1”的情况，在时隙 n 被接收的分子的总数 Y_n 可以表示为

$$Y_n = X_n + Z_n \tag{2.259}$$

因此，Y_n 也符合正态分布：

$$Y_n \sim \mathcal{N}(\mu_y, \sigma_y^2) \tag{2.260}$$

其中，$\mu_y = \mu_x + \mu_z$，$\sigma_y^2 = \sigma_x^2 + \sigma_z^2$。

然后，对于 TN 发射“1”的情况，误差概率 p_e^1 为

$$p_e^1 = \Pr(Y_n \leqslant m) = F_{Y_n}(m) \tag{2.261}$$

其中，$F_{Y_n}(\cdot)$ 是 Y_n 的累积分布，且 $F_{Y_n}(m)$ 可如下给出：

$$F_{Y_n}(m)=\frac{1}{2}\left[1+\operatorname{erf}\left(\frac{m-\mu_y}{\sqrt{2\sigma_y^2}}\right)\right] \tag{2.262}$$

其中,erf(•)是误差函数。对于TN发射“0”的情况,TN在时隙n的开始不发射分子,可以解释为$X_n=0$。在这种情况下,Y_n等于Z_n,误差概率p_e^0可以表示为

$$p_e^0=\Pr(Z_n>m)=1-F_{Z_n}(m) \tag{2.263}$$

其中,$F_{Z_n}(\cdot)$是Z_n的累积分布,且$F_{Z_n}(m)$可以如下给出:

$$F_{Z_n}(m)=\frac{1}{2}\left[1+\operatorname{erf}\left(\frac{m-\mu_z}{\sqrt{2\sigma_z^2}}\right)\right] \tag{2.264}$$

误差概率p_e^1和p_e^0反映了二进制PMC方案的性能。它们可以用于确定传输概率β和门限m的最优值。此外,正如2.6.5节所介绍的二进制PMC方案,如果假定信使分子随着时间降解,并遵循概率分布$g(u)=\gamma e^{-\gamma t}$,式(2.250)中的概率$\bar{\lambda}_{nk}$变为

$$\tilde{\lambda}_{nk}=\beta\int_{(n-k)\tau}^{(n-k+1)\tau}f(t)\int_t^{\infty}g(u)\mathrm{d}u\mathrm{d}t \tag{2.265}$$

然后,利用$\tilde{\lambda}_{nk}$来代替式(2.250)中的$\bar{\lambda}_{nk}$,上述分析可以用于基于分子寿命假设的二进制PMC方案。

2.6.7 基于不同分子类型的M进制调制

PMC中的二进制调制可以扩展到M进制调制方式[21]。假定考虑M进制的分子通信方案,其中使用M种不同类型的分子,每种分子承载着一个有u位的信息符号,$M=2^u$。注意到,对于$u=1$和$M=2$,信道变为一个二进制信道。为了传输信息符号a,$a\in\{1,\cdots,M\}$,TN在时长为τ的时隙的开始发射N个S_a类型的分子,$a\in\{1,\cdots,M\}$,发射的分子在介质中自由地扩散。S_a中的一些分子随机地撞到RN上,并被RN接收。如果接收的S_a分子的数目不少于m,就假定信息符号a成功地传送到RN。其中,假定RN能够区分M种不同分子的类型,并且可以区分是哪种撞击到其表面上。

在这里,我们考虑一个短距离M进制的PMC方案,其中每一个发射的符号,即符号$(1,\cdots,M)$仅受先前时隙持续时间发射的符号干扰。这样的干扰模型可以看作非常短的节点间距离的直接结果。因此,如果TN通过发射N个分子S_a来传输符号a,RN接收这些分子中的一部分。除了这些,RN也可

能接收前一时隙发射的其他$(M-1)$种类型的分子。例如，如果前一时隙通过发射N个分子S_b来传输符号b，RN将接收S_b分子和当前时隙的S_a分子。因此，发射符号的延时受到之前时隙传输符号的影响。

对于符号a存在两种不同的情况，即$(a-a)$和$(b-a)$，其中$a \neq b, a \in \{1, \cdots, M\}, b \in \{1, \cdots, M\}$。注意到第一个码字表示前一时隙传输的符号，第二个码字表示的是当前传输的符号。

引理 2.1　如果先前的符号是a，符号a延时的概率密度函数$f_{aa}(t)$为

$$f_{aa}(t)=\frac{\sum_{j=0}^{m}\dot{\Gamma}_j(t)\left[\sum_{h=0}^{N-j}\tilde{\varphi}_{h,j}(t)\varphi_h(\tau)\right]\varphi_{m-j}(t)}{\sum_{j=0}^{m}\left[\sum_{h=0}^{N-j}\tilde{\varphi}_{h,j}(t)\varphi_h(\tau)\right]\varphi_{m-j}(t)} \tag{2.266}$$

相关联的累积分布函数为

$$F_{aa}(t)=\int_0^t f_{aa}(x)\mathrm{d}x \quad (t \geqslant 0) \tag{2.267}$$

相关联的误码率(SEP)$E_{aa}=1-F_{aa}(\tau)$。

证明　假设当前的时隙是时隙n，前一时隙是时隙$(n-1)$，$n \geqslant 2$。定义一个计数过程$c(t)$，来代表直到t时刻撞击到RN的分子数目，并且已知在时隙n的开始发射了N个分子。与此过程相关联的概率分布$\varphi_i(t)$为

$$\varphi_i(t)=\Pr(c(t)=i)=\begin{pmatrix}N\\ i\end{pmatrix}F^i(t)[1-F(t)]^{N-i} \quad (i \in [0,N], t \geqslant 0) \tag{2.268}$$

因此，对于给定的在时隙n的开始发射N个分子，直到第i次撞击的时间分布函数$\Phi_i(t)$可以表示如下：

$$\Phi_i(t)=\sum_{\lambda=i}^{N}\varphi_\lambda(t)=\sum_{\lambda=i}^{N}\begin{pmatrix}N\\ \lambda\end{pmatrix}F^\lambda(t)[1-F(t)]^{N-\lambda} \quad (i \geqslant 0, t \geqslant 0) \tag{2.269}$$

注意到$i=0$的情况，对于$t \geqslant 0$，$\Phi_i(t)=1$。在h个分子在时隙$(n-1)$内已经到达RN的情况下，我们考虑一个改良的计数过程$\tilde{c}_h(t)$来记录时隙$(n-1)$发射并在时隙n开始后的时间间隔t内撞击到RN的分子。由于在前一时隙持续时间τ内，h分子已经到达RN，故与$\tilde{c}_h(t)$相关联的概率分布可以表示为在时刻$(t+\tau)$时$(h+j)$个分子撞击RN的概率为

$$\tilde{\varphi}_{h,j}(t)=\Pr(\tilde{c}_h(t)=j)=\Pr(c(t+\tau)=h+j\mid c(\tau)=h)$$
$$=\frac{\Pr(c(t+\tau)=h+j,c(\tau)=h)}{\Pr(c(\tau)=h)} \tag{2.270}$$

式(2.270)中 $\tilde{\varphi}_{h,j}(t)$ 的分子可以表示为

$$\Pr(c(t+\tau)=h+j,c(\tau)=h)$$
$$=\binom{N}{h}\binom{N-h}{j}\times F^h(\tau)[F(t+\tau)-F(\tau)]^j\times$$
$$[1-F(t+\tau)]^{N-(h+j)} \tag{2.271}$$

$\tilde{\varphi}_{h,j}(t)$ 的分母可以通过 $\varphi_h(\tau)$ 给出,因为它是从式(2.268)中衍生出来的。因此,$\tilde{\varphi}_{h,j}(t)$ 可以表示为

$$\tilde{\varphi}_{h,j}(t)=\binom{N-h}{j}\frac{[F(t+\tau)-F(\tau)]^j[1-F(t+\tau)]^r}{[1-F(\tau)]^{N-h}} \tag{2.272}$$

其中,$r=N-(h+j)$。类似地,对于时隙$(n-1)$内 h 个分子已经达到 RN 的情况,时隙 n 内直到第 j 次撞击的时间分布函数通过下式给出:

$$\tilde{\Phi}_{h,j}(t)=\sum_{\lambda=j}^{N-h}\Pr(c(t+\tau)=h+\lambda\mid c(\tau)=h)$$
$$=\sum_{\lambda=j}^{N-h}\binom{N-h}{\lambda}\frac{[F(t+\tau)-F(\tau)]^\lambda[1-F(t+\tau)]^\delta}{[1-F(\tau)]^{N-h}} \tag{2.273}$$

其中 $\delta=N-(h+\lambda)$。注意到在式(2.272)和式(2.273)中,$0\leqslant j\leqslant N-h$,$t\geqslant 0$。我们可以通过考虑所有可能的 h 值,使得 $\tilde{\Phi}_{h,j}(t)$ 关于 h 是无条件的:

$$\tilde{\Phi}_j(t)=\sum_{h=0}^{N-j}\tilde{\Phi}_{h,j}(t)\varphi_h(\tau)\quad(0\leqslant j\leqslant N) \tag{2.274}$$

这是时隙$(n-1)$发射的 j 个分子在时隙 n 撞击 RN 的时间分布函数。一般来说,在时隙 n 内,撞击 RN 的是在时隙 n 和时隙$(n-1)$的开始发射的分子的混合。m 是 RN 成功解码符号 a 所需接收的分子数目的门限值。因此,如果从时隙$(n-1)$到达的分子数是 j,那么$(m-j)$个来自时隙 n 的分子满足符号 a 的正确接收。随着 j 从 0 变化到 m,会有$(m+1)$种在时隙 n 和$(n-1)$到达的分子组合。对于每种组合,RN 所需的确定符号 a 的时间是来自时隙$(n-1)$或时隙 n 的前 m 个分子撞击 RN 所用时间的最大值。这些撞击时间在式(2.269)和式(2.274)中已经给出,其最大值的分布是式(2.269)和式(2.274)的乘积。假定 j 个分子来自时隙$(n-1)$,$(m-j)$个分子来自时隙 n,并将这一

组合表示为$(j,m-j)$。因此,组合$(j,m-j)$的延时分布$\Gamma_j(t)$是式(2.269)和式(2.274)的乘积:

$$\Gamma_j(t)=\tilde{\Phi}_j(t)\Phi_{m-j}(t) \quad (t\geqslant 0) \tag{2.275}$$

注意到对于每个组合$(j,m-j)$,$j\in\{0,\cdots,m\}$,可以求得相应的$\Gamma_j(t)$。

接下来,利用这些分布,可以推导出当前一个符号是a并成功接收符号a所经历的总的延时的分布,将这一延时称为γ。然后$t<\gamma\leqslant t+\mathrm{d}t$的概率$\mathscr{P}$可以表示为$\mathscr{P}=f_{aa}(t)\mathrm{d}t$,其中$f_{aa}(t)$是$\gamma$的概率密度函数。事实上,$\mathscr{P}$也可以表示为$\mathscr{P}=\Pr(t<\gamma\leqslant t+\mathrm{d}t\mid m\text{ hits})$。此外,通过累加所有的$(m+1)$个组合,即$(j,m-j)$,$j\in\{0,1,\cdots,m\}$,$\mathscr{P}$可以重写为

$$\mathscr{P}=\sum_{j=0}^{m}[\Pr(t<\gamma\leqslant t+\mathrm{d}t\mid(j,m-j)\mid m\text{ hits})\Pr((j,m-j)\mid m\text{ hits})] \tag{2.276}$$

在式(2.276)中,为了便于说明,将$\Pr(t<\gamma\leqslant t+\mathrm{d}t\mid(j,m-j)\mid m\text{ hits})$和$\Pr((j,m-j)\mid m\text{ hits})$分别表示为$\eta_{j,m}$和$\zeta_{j,m}$,$\eta_{j,m}$为

$$\eta_{j,m}=\dot{\Gamma}_j(t)\mathrm{d}t \tag{2.277}$$

其中,$\dot{\Gamma}_j(t)$是式(2.275)中$\Gamma_j(t)$关于时间t的一阶导数。

式(2.276)中的第二项$\zeta_{j,m}$可以表示为

$$\zeta_{j,m}=\frac{\Pr(a(t)=j)\Pr(c(t)=m-j)}{\sum_{i=0}^{m}\Pr(a(t)=i)\Pr(c(t)=m-i)} \tag{2.278}$$

其中,$a(t)=[c(t-\tau)-c(\tau)]$,且$\Pr(a(t)=j)$表示为

$$\begin{aligned}\Pr(a(t)=j)&=\sum_{h=0}^{N-j}[\Pr(c(t+\tau)=h+j\mid c(\tau)=h)\times\Pr(c(\tau)=h)]\\&=\sum_{h=0}^{N-j}\tilde{\varphi}_{h,j}(t)\varphi_h(\tau) \quad (t\geqslant 0)\end{aligned} \tag{2.279}$$

此外,在式(2.278)中,$\Pr(c(t)=m-j)=\varphi_{m-j}(t)$。注意到$\varphi_h(\tau)$和$\tilde{\varphi}_{h,j}(t)$在式(2.268)和式(2.272)中已经给出。通过将式(2.277)和式(2.278)代入到式(2.276)中,$\mathscr{P}$可以改写为

$$\mathscr{P}=\left[\frac{\sum_{j=0}^{m}\dot{\Gamma}_j(t)[\sum_{h=0}^{N-j}\tilde{\varphi}_{h,j}(t)\varphi_h(\tau)]\varphi_{m-j}(t)}{\sum_{j=0}^{m}[\sum_{h=0}^{N-j}\tilde{\varphi}_{h,j}(t)\varphi_h(\tau)]\varphi_{m-j}(t)}\right]\mathrm{d}t \tag{2.280}$$

由于 $\mathscr{P}=f_{aa}(t)\mathrm{d}t$,则 $f_{aa}(t)$ 为

$$f_{aa}(t)=\frac{\sum_{j=0}^{m}\dot{\Gamma}_j(t)\left[\sum_{h=0}^{N-j}\tilde{\varphi}_{h,j}(t)\varphi_h(\tau)\right]\varphi_{m-j}(t)}{\sum_{j=0}^{m}\left[\sum_{h=0}^{N-j}\tilde{\varphi}_{h,j}(t)\varphi_h(\tau)\right]\varphi_{m-j}(t)} \tag{2.281}$$

最后,通过对 $f_{aa}(t)$ 进行积分,$F_{aa}(t)$ 可得

$$F_{aa}(t)=\int_0^t f_{aa}(x)\mathrm{d}x \quad (t\geqslant 0) \tag{2.282}$$

相关联的 SEP 可以写为 $E_{aa}=1-F_{aa}(\tau)$。式(2.282)中的积分不能够求得解析解。然而,$F_{aa}(t)$ 可以利用 Mathematica 对式(2.282)进行数值评估来获得。这也包括式(2.281)中 $\dot{\Gamma}_j(t)$ 数值推导。

引理 2.2　如果先前的符号是 b,符号 a 的延时的累积分布函数 $F_{ba}(t)$ 可以写作

$$F_{ba}(t)=\Phi_m(t) \tag{2.283}$$

且相关联的 SEP 是 $E_{ba}=1-F_{ba}(\tau)$。

证明　对于这种情况,由于先前的符号是 b,$b\neq a$,前一时隙的分子对当前时隙没有贡献。因此,延时分布可以表示为 $\Phi_k(t)$,其推导过程已经在引理 2.1 中得到证明。

在图 2.31 中,设 $N=20$,$m=12$,$d=0.6\ \mu\mathrm{m}$ 和 $D=0.5\ \mu\mathrm{m}^2/\mathrm{s}$,对于不同的时隙时间 τ 的值,给出了 $f_{aa}(t)$ 关于时间的变化情况。随着 τ 的增加,$f_{aa}(t)$ 变宽。在符号 a 的传输中,如果符号的传输时间高于时隙时间 τ,就会发生错误。因此,当 $\tau=0.1$ 时错误概率要高于 $\tau=0.5$ 时。此外,曲线 $f_{aa}(t)$ 越宽,误码率也就越低,这从图 2.31 中非常容易得出。然而,更长的时隙时间(或更宽的曲线 $f_{aa}(t)$)在提供更低的误码率的同时,也降低了通信速率。

在图 2.32 中,根据不同的节点距离 d,给出了 $F_{aa}(t)$ 关于时间的变化情况。随着 d 的减小,曲线 $F_{aa}(t)$ 变得陡峭,这是因为随着 TN 靠近 RN,TN 可以更容易地传送符号 a。换句话说,随着 TN 和 RN 彼此靠近,分子的传输延时降低,这使得 $F_{aa}(t)$ 随着 d 的减小而陡峭。因此,通过结合图 2.31 和图 2.32 中的结果,可以容易推出,如果时隙时间被设定为一个非常低的值,对于相对远的 TN 和 RN,误码率会显著升高。相反,如果时隙时间被设定为一个较高的值,PMC 的性能会显著降低。因此,τ 要根据 d 来选择。

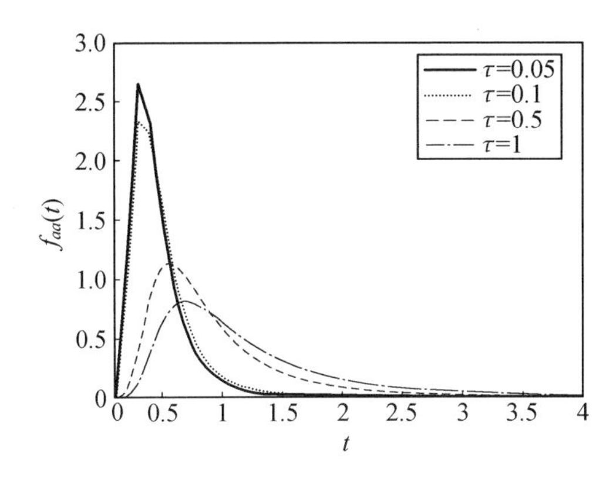

图 2.31　对于不同的时隙时间 τ，$f_{aa}(t)$ 随时间的变化曲线

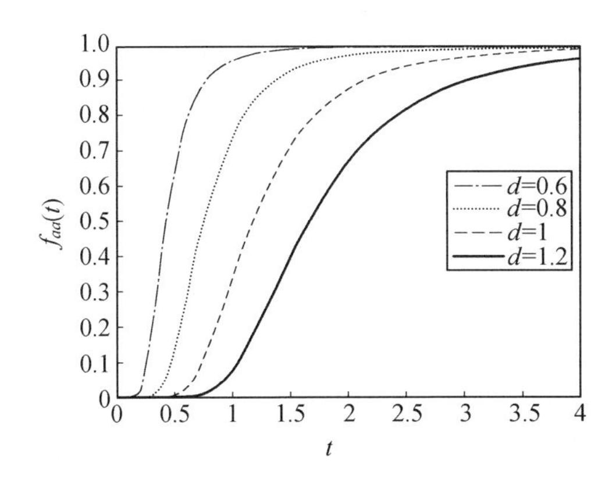

图 2.32　对于不同的 d，$f_{aa}(t)$ 随时间的变化曲线

在图 2.33 中，给出了对于 TN 发射的用于信息符号的不同的分子数目，$F_{ba}(t)$ 随时间的变化曲线。在这里，解码符号 a 所用的门限 m 设定为 $m=10$，N 从 $N=15$ 变化到 $N=30$。正如图 2.33 中所看到的，随着 N 的增加，曲线 $F_{ba}(t)$ 变得陡峭，这也暗示着可以通过适当选取 N 和 m 来降低误码率和延时。例如，对于 $N=15$ 和 $N=20$，曲线之间的间隙是最大值，这也反映了这种情况的误码是最高的。因此，可以通过提高 N 来降低误码率。然而，N 可以被视为 PMC 的资源，因为 TN 消耗能量来合成和发射每个分子。因此，应当适当选取 N 来使资源消耗最小化。

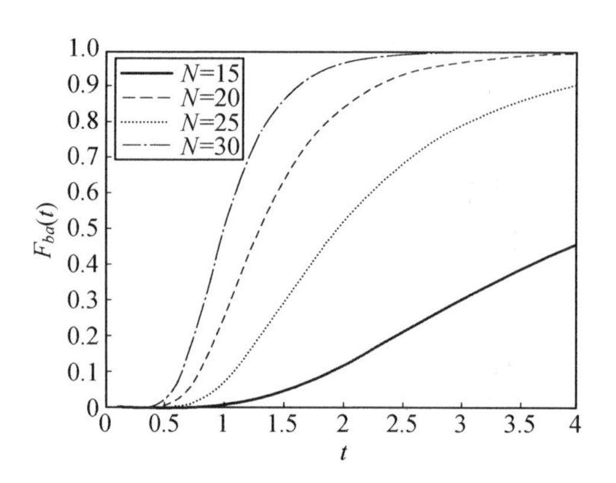

图 2.33　对于 TN 发射的用于信息符号的不同的分子数目 N,$F_{ba}(t)$ 随时间的变化曲线

2.6.8　基于分子阵列的二进制调制

上述的所有 PMC 方案需要 TN 和 RN 之间精确的时间同步。然而,这样一个精确的时间同步也许会超出非常低端的纳米机器的最先进的能力。因此,实现 PMC 系统当务之急就是开发不需同步的、切实可行的 PMC 方案。本节介绍了基于分子阵列的通信(MARCO) 方案,其中通过使用分子的传输顺序来编码信息,如图 2.34 所示[7]。

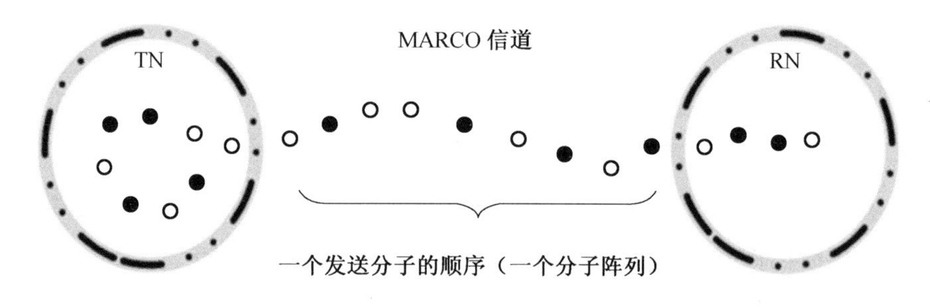

图 2.34　基于分子顺序的通信图解

(在这里,两个不同的分子,即分子类型 a 和 b 被用于传输信息)

假设两种不同的分子被用于传输信息,分别称为 a 和 b。传输顺序 $(a-b)$ 被用于传输位“0”,$(b-a)$ 用于传输位“1”。例如,假定 TN 利用分子顺序$(a-b)$ 传输位“0”,RN 正确地接收了这一符号,如图 2.35 所示。位“0”正确接收的概率 $\Pr(0|0)$ 可以通过下式给出:

$$\Pr(0|0)=\Pr(t_b>t_a-t_e)=1\times\Pr(t_a<t_e)+I(t_e,\lambda)\times[1-\Pr(t_a<t_e)] \tag{2.284}$$

其中，t_a 和 t_b 分别是分子 a 和 b 所经历的随机时间延迟；t_e 是分子的发射时间间隔(图 2.35)。

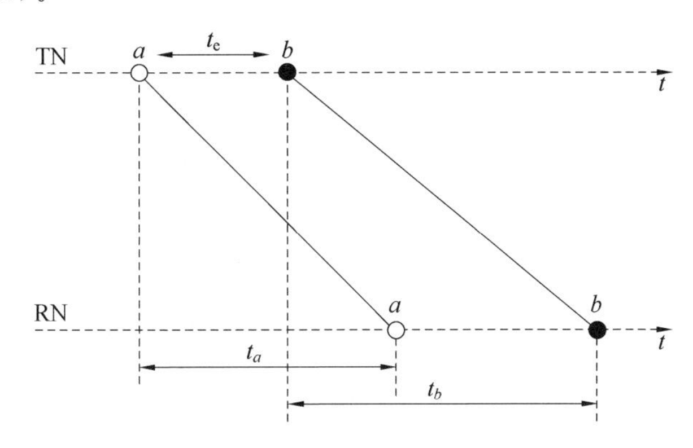

图 2.35　传输并且正确接收两种顺序为($a-b$)对应于符号“0”的分子

假定分子 a 和 b 具有相同的扩散系数，且假定 t_a 和 t_b 具有相同的如式(2.226)中给出的概率分布。因此采用顺序($a-b$)的符号“0”的传输和利用顺序($b-a$)的符号“1”的传输是相同的事件，这意味着 $\Pr(0|0)=\Pr(1|1)$。λ 是通过 $\lambda=d/\sqrt{D}$ 给出的常数，其中 d 是 TN 和 RN 之间的距离，D 是扩散系数。最终，$I(t_e,\lambda)$ 表示概率函数，并且分别利用式(2.226)和式(2.227)中的 t_a 和 t_b，其可以推导为

$$\begin{aligned}I(t_e,\lambda)&=\int_{t_e}^{\infty}\int_{t_a-t_e}^{\infty}f(t_a,t_b)\mathrm{d}t_a\mathrm{d}t_b=\int_{t_e}^{\infty}\int_{t_a-t_e}^{\infty}f(t_a)f(t_b)\mathrm{d}t_a\mathrm{d}t_b\\&=\int_{t_e}^{\infty}f(t_a)\operatorname{erf}\left(\frac{\lambda}{2\sqrt{t_a-t_e}}\right)\mathrm{d}t_a\end{aligned} \tag{2.285}$$

其中，由于假定 t_a 和 t_b 是独立的，则 $f(t_a,t_b)=f(t_a)f(t_b)$。利用式(2.226)，式(2.284)中的 $\Pr(t_a<t_e)$ 可以计算为

$$\Pr(t_a<t_e)=\int_0^{t_e}f(t_a)\mathrm{d}t_a=\int_0^{t_e}f(t)\mathrm{d}t=\operatorname{erfc}\left(\frac{\lambda}{2\sqrt{t_e}}\right) \tag{2.286}$$

将式(2.285)和式(2.286)代入到式(2.284)中，$\Pr(0|0)$ 变为

$$\Pr(0|0)=\operatorname{erfc}\left(\frac{\lambda}{2\sqrt{t_e}}\right)+\left[1-\operatorname{erfc}\left(\frac{\lambda}{2\sqrt{t_e}}\right)\right]\int_{t_e}^{\infty}f(t_a)\operatorname{erfc}\left(\frac{\lambda}{2\sqrt{t_a-t_e}}\right) \tag{2.287}$$

图 2.36 给出了对于距离 d,Pr(0|0) 随发射时间间隔 t_e 的变化。随着 d 的减小和 t_e 的增加,Pr(0|0) 增加。图 2.36 中的结果也揭示了对于足够大的 d,Pr(0|0) 几乎独立于 t_e。这是因为对于大的 d 值,t_e 变得无关紧要,任何分子都可能第一个到达。

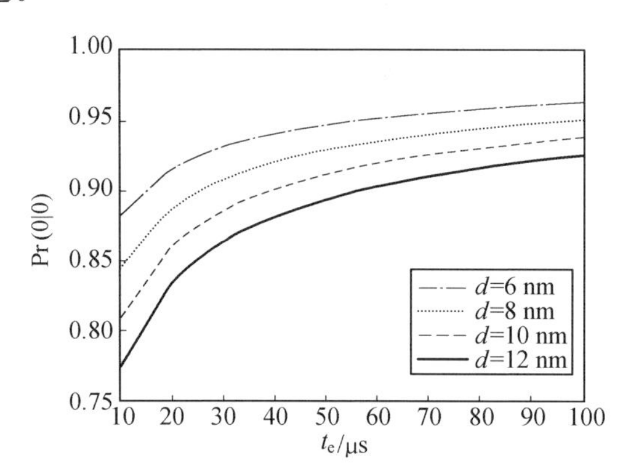

图 2.36 对于不同的 TN 和 RN 之间的距离 d,Pr(0|0) 随发射时间间隔 t_e 的变化曲线

我们考虑两个连续的二进制符号。在这种情况下,连续的符号间可能经历符号间干扰(ISI),这可能导致信道中的错误。假定一个传输的符号只干扰之前的或者下一个传输的符号。例如,如果传输的是符号"0",它可能受之前和下一个符号的干扰而形成符号三元组的形式:000、001、101 和 100。如果传输的是符号"1",它受前一符号和后一符号干扰的三元组形式为:010、011、111 和 110。

考虑符号三元组 000 的传输,如图 2.37 所示,并关注第一个"0"。令 y 表示符号 a 和 b 所经历的最大延时,即 $y=\max(t_a, t_b+t_e)$。由于 t_a 和 (t_e+t_b) 是独立的,y 的分布函数 $F_y(t)$ 为

$$F_y(t)=F_{t_a}(t)F_{t_e+t_b}(t) \quad (t \geqslant t_e) \tag{2.288}$$

其中,$F_{t_e+t_b}(t)=F_{t_b}(t-t_e)$;$F_{t_a}(t)$ 和 $F_{t_b}(t)$ 是式(2.227) 中给出的累积分布函数,即

$$F_{t_a}(t)=F_{t_b}(t)=F(t)=1-\mathrm{erf}\left(\frac{d}{2\sqrt{Dt}}\right) \tag{2.289}$$

则式(2.288) 中的 $F_y(t)$ 变为

$$F_y(t)=F_{t_a}(t)F_{t_e+t_b}(t)=F_{t_a}(t)F_{t_b}(t-t_e)$$

$$= \left[1 - \text{erf}\left(\frac{d}{2\sqrt{Dt}}\right)\right]\left[1 - \text{erf}\left(\frac{d}{2\sqrt{D(t-t_e)}}\right)\right] \quad (2.290)$$

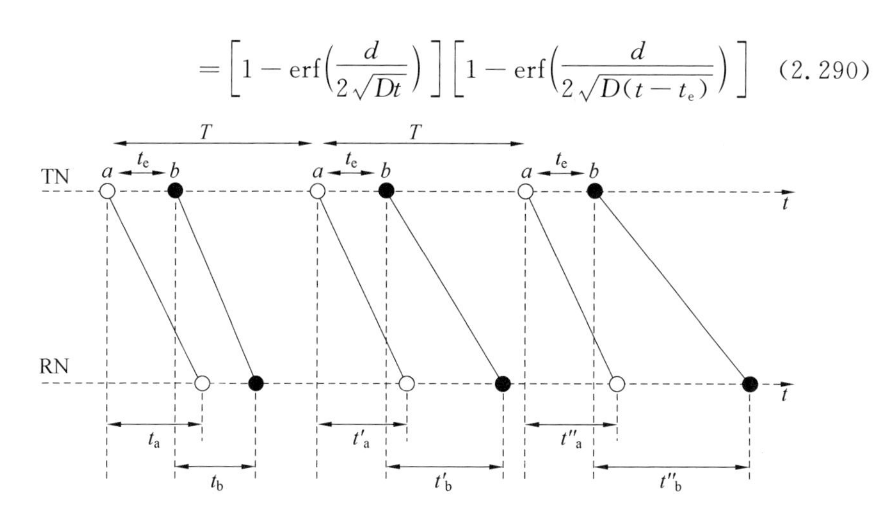

图 2.37　通过发射$(a-b)$、$(a-b)$、$(a-b)$所形成的 3 个连续符号 000 的发射和正确接收的时间图

对式(2.288)求导得出 y 的概率密度函数 $f_y(t)$，即

$$f_y(t) = f(t)F(t-t_e) + F(t)f(t-t_e) \quad (t \geqslant t_e) \quad (2.291)$$

考虑三元组 000 中的第二个“0”。第二个“0”中分子 a 和 b 的延时分别用 t'_a 和 t'_b 代表，如图 2.37 所示。利用 t'_a 和 t'_b，定义两个其他的随机变量 z' 和 y'，有 $z' = \min(t'_a + T, t'_b + t_e + T)$，$y' = \max(t'_a + T, t'_b + t_e + T)$，其中 T 是符号间时间(图 2.37)。z' 的累积概率分布 $F_{z'}(t)$ 可以导出为

$$F_{z'}(t) = F(t-T) + F(t-t_e-T) - F(t-T)F(t-t_e-T) \quad (t \geqslant T) \quad (2.292)$$

$F_{z'}(t)$ 的导数给出了 z' 的密度方程：

$$F_{z'}(t) = f(t-T)[1-F(t-t_e-T)] + f(t-t_e-T)[1-F(t-T)] \quad (t \geqslant T) \quad (2.293)$$

现在，与第一个和第二个“0”类似，考虑第三个“0”。用于传输第三个“0”的分子 a 和 b 延时分别表示为 t''_a 和 t''_b(图 2.37)。令 z'' 表征 $(t''_a + 2T)$ 和 $(t''_b + t_e + 2T)$ 的最小值，即 $z'' = \min(t''_a + 2T, t''_b + t_e + 2T)$。$z''$ 的密度函数 $f_{z''}(t)$ 可以通过将式(2.293)给出的 $f_{z'}(t)$ 中的 T 替换为 $2T$，即

$$F_{z''}(t) = f(t-2T)[1-F(t-t_e-2T)] + f(t-t_e-2T)[1-F(t-2T)] \quad (t \geqslant 2T) \quad (2.294)$$

因此，通过利用定义的变量，ISI 的概率 P_{ISI} 为

$$P_{\text{ISI}}=1-P_{\text{NoISI}}=1-\Pr((z'>y)\cap(y'<z))$$
$$=1-\Pr(y'<z''\mid z'>y)\Pr(z'>y) \tag{2.295}$$

其中,P_{NoISI} 是一个传输的符号不与其他符号相互干扰的概率,$\Pr(y'<z''\mid z'>y)$ 可以导出如下:

$$\Pr(y'<z''\mid z'>y)=\Pr(t'_a+T<z''\mid t'_b+t_e+T>y)\times$$
$$\Pr(t'_a+T>t'_b+t_e+T)+$$
$$\Pr(t'_b+t_e+T<z''\mid t'_a+T>y)\times$$
$$\Pr(t'_b+t_e+T>t'_a+T) \tag{2.296}$$

在式(2.296)中,定义两种可能的情况,即 $y'=t'_a+T$,$z'=t'_b+t_e+T$ 或 $y'=t'_b+t_e+T$,$z'=t'_a+T$。由于t'_a和t'_b之间的独立性,式(2.296)可以改写为

$$\Pr(y'<z''\mid z'>y)=\Pr(t'_a<z''-T)\Pr(t'_a>t'_b+t_e)+$$
$$\Pr(t'_b<z''-t_e-T)\Pr(t'_a<t'_b+t_e) \tag{2.297}$$

其中,$\Pr(t'_a<t'_b+t_e)=\Pr(0|0)$,$\Pr(t'_a>t'_b+t_e)=1-\Pr(0|0)$。

注意到在式(2.287)中已经推导出了 $\Pr(0|0)$。因此,式(2.297)变为

$$\Pr(y'<z''\mid z'>y)=\Pr(t'_a<z''-T)[1-\Pr(0|0)]+$$
$$\Pr(t'_b<z''-t_e-T)\Pr(0|0) \tag{2.298}$$

式(2.298)中的 $\Pr(t'_a<z''-T)$ 可以修改为

$$\Pr(t'_a<z''-T)=\Pr(t'_a-z''<-T) \tag{2.299}$$

令 $r=-z''$,利用式(2.294)中的 $f_{z''}(t)$,r 的密度函数 $f_r(t)$ 表示为

$$f_r(t)=f(-t-2T)[1-F(-t-t_e-2T)]+$$
$$f(-t-t_e-2T)[1-F(-t-2T)]\quad(t\leqslant -2T) \tag{2.300}$$

由于 t_a 和 r 是独立的,(t_a+r) 的密度函数 $f_{t_a+r}(t)$ 可以通过如下的卷积运算获得:

$$f_{t_a+r}(t)=\int_{\bar{u}}^{\infty}f(u)f_r(t-u)\mathrm{d}u \tag{2.301}$$

其中,$\bar{u}=\max(0,t+2T)$。

利用 $f_{t_a+r}(t)$,$\Pr(t'_a<z''-T)$ 可以计算为

$$\begin{cases}\Pr(t'_a<z''-T)=\Pr(t'_a+r<-T)\\ F_{t_a+r}(-T)=\int_{-\infty}^{-T}f_{t_a+r}(t)\mathrm{d}t\end{cases} \tag{2.302}$$

进一步，$\Pr(t_a' < z'' - t_e - T)$ 可以写作

$$\Pr(t_a' < z'' - t_e - T) = \int_{-\infty}^{-t_e - T} f_{t_a + r}(t)\mathrm{d}t \tag{2.303}$$

则 $\Pr(y' < z'' \mid z' > y)$ 可以写作

$$\Pr(y' < z'' \mid z' > y) = q(T)(1 - \Pr(0|0)) + q(t_e + T)\Pr(0|0) \tag{2.304}$$

其中，$q(x)$ 定义为

$$q(x) = \int_{-\infty}^{-x} f_{t_a + r}(t)\mathrm{d}t \tag{2.305}$$

通过将式(2.304)代入到式(2.295)中，P_{ISI} 可以表示为

$$P_{\mathrm{ISI}} = 1 - [q(T)[1 - \Pr(0|0)] + q(t_e + T)\Pr(0|0)]\Pr(z' > y) \tag{2.306}$$

令 $s = -y$，P_{ISI} 表达式中的 $\Pr(z' < y)$ 可以表示为

$$\Pr(z' < y) = \Pr(z' + (-y) < 0) = \Pr(z' + s < 0) \tag{2.307}$$

利用式(2.291)中的 $f_y(t)$，s 的密度函数可以导出为

$$\begin{aligned} f_s(t) = f_y(-t) = f(-t)F(-t - t_e) + \\ F(-t)f(-t - t_e) \quad (t \leqslant -t_e) \end{aligned} \tag{2.308}$$

由于 z' 和 s 是独立的随机变量，密度函数 $f_{z'+s}(t)$ 可以通过下式获得：

$$\begin{aligned} f_{z'+s}(t) &= \int_{-\infty}^{\infty} f_{z'}(u)f_s(t - u)\mathrm{d}u \\ &= \int_{T}^{\infty} f_{z'}(u)f_s(t - u)\mathrm{d}u \\ &= \int_{\bar{o}}^{\infty} f_{z'}(u)f_s(t - u)\mathrm{d}u \end{aligned} \tag{2.309}$$

其中，$\bar{o} = \max(t + t_e, T)$，并且在式(2.293)中已经推导出 $f_{z'}(t)$。然后 $\Pr(z' < y)$ 可以写作

$$\Pr(z' < y) = \Pr(z' + s < 0) = \int_{-\infty}^{0} f_{z'+s}(t)\mathrm{d}t \tag{2.310}$$

因此，$\Pr(z' > y)$ 为

$$\Pr(z' > y) = 1 - \Pr(z' < y) = 1 - \tilde{p} \tag{2.311}$$

其中，$\tilde{p}$ 定义为

$$\tilde{p} = \Pr(z' < y) = \int_{-\infty}^{0} f_{z'+s}(t)\mathrm{d}t \tag{2.312}$$

最终,通过将 $\Pr(z'>y)=1-\tilde{p}$ 代入到式(2.306)中,式(2.306)中的 P_{ISI} 为

$$P_{\mathrm{ISI}}=1-[q(T)[1-\Pr(0|0)]+q(t_{\mathrm{e}}+T)\Pr(0|0)](1-\tilde{p}) \tag{2.313}$$

将 $\Pr(0|0)$、$q(t)$、$q(t_{\mathrm{e}}+T)$ 和 $\tilde{p}$ 代入到式(2.313)中,P_{ISI} 可以重写为

$$\begin{aligned}P_{\mathrm{ISI}}=1-&\left[\left[\int_{-\infty}^{-T}\int_{\bar{u}}^{\infty}f(u)f_r(t-u)\mathrm{d}u\mathrm{d}t\times\right.\right.\\&\left[1-\left(\mathrm{erfc}\left(\frac{\lambda}{2\sqrt{t_{\mathrm{e}}}}\right)+\mathrm{erf}\left(\frac{\lambda}{2\sqrt{t_{\mathrm{e}}}}\right)\int_{t_{\mathrm{e}}}^{\infty}f(t_a)\mathrm{erf}\left(\frac{\lambda}{2\sqrt{t_a-t_{\mathrm{e}}}}\right)\right)\right]+\\&\left[\int_{-\infty}^{-(t_{\mathrm{e}}+T)}\int_{\bar{u}}^{\infty}f(u)f_r(t-u)\mathrm{d}u\mathrm{d}t\right]\times\\&\left.\left[\mathrm{erfc}\left(\frac{\lambda}{2\sqrt{t_{\mathrm{e}}}}\right)+\mathrm{erf}\left(\frac{\lambda}{2\sqrt{t_{\mathrm{e}}}}\right)\int_{t_{\mathrm{e}}}^{\infty}f(t_a)\mathrm{erf}\left(\frac{\lambda}{2\sqrt{t_a-t_{\mathrm{e}}}}\right)\right]\right]\times\\&\left[1-\int_{-\infty}^{0}\int_{\bar{o}}^{\infty}f_{z'}(u)f_s(t-u)\mathrm{d}u\mathrm{d}t\right]\end{aligned} \tag{2.314}$$

其中,$f_{z'}(t)$、$f_r(t)$ 和 $f_s(t)$ 分别由式(2.293)、式(2.301)和式(2.308)给出。此外,$\bar{u}=\max(0,t+2T)$,$\bar{o}=\max(t+t_{\mathrm{e}},T)$。

在图2.38中,画出了对于不同的 T 值,P_{ISI} 随发射间隔 t_{e} 的变化曲线。随着符号间隔时间的增加,P_{ISI} 降低。随着发射间隔 t_{e} 和符号间隔 T 的差别变得很小,P_{ISI} 开始增加。当这一差别降到某些关键值之下时,不能够通过增加 t_{e} 来进一步减小 P_{ISI},且 P_{ISI} 随着 t_{e} 的增加开始增加。

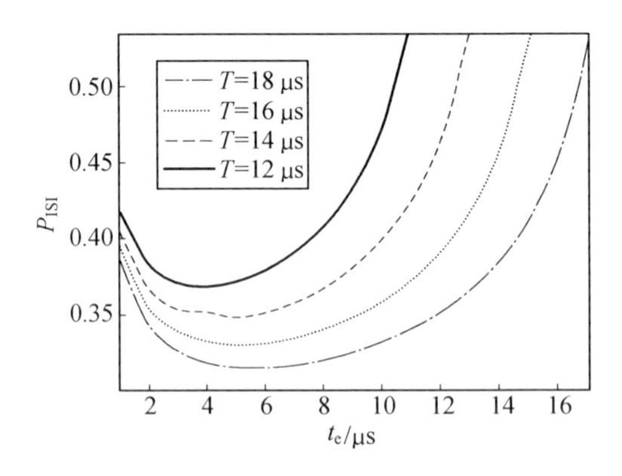

图2.38　对于不同的 T 值,P_{ISI} 随 t_{e} 的变化曲线

除了 P_{ISI}，误码率 P_{e} 可以表示为

$$P_{\mathrm{e}} = 1 - P_{\mathrm{NoISI}|(0|0)} \Pr(0|0) \tag{2.315}$$

其中，$P_{\mathrm{NoISI}|(0|0)}$ 是一个符号不受干扰、正确传输的概率，计算式为

$$\begin{aligned} P_{\mathrm{NoISI}|(0|0)} &= \Pr((z' > y) \cap (y' < z'') \mid (0|0)) \\ &= \Pr(y' < z'' \mid z' > y, (0|0)) \Pr(z' > y \mid (0|0)) \end{aligned} \tag{2.316}$$

其中，$\Pr(y' < z'' \mid z' > y, (0|0))$ 可以表示为

$$\begin{aligned} \Pr(y' < z'' \mid z' > y, (0|0)) &= \Pr(t'_b + t_{\mathrm{e}} + T < z'' \mid t'_a + T > y) \\ &= \Pr(t'_b < z'' - t_{\mathrm{e}} - T) \\ &= q(t_{\mathrm{e}} + T) \end{aligned} \tag{2.317}$$

$\Pr(t'_b < z'' - t_{\mathrm{e}} - T) = q(t_{\mathrm{e}} + T)$ 在之前已经导出（式(2.303) 和式(2.305)）。式(2.316) 中的 $\Pr(z' > y \mid (0|0))$ 可以导出为

$$\Pr(z' > y \mid (0|0)) = \Pr(t'_a + T > y) = \Pr(t'_a - y > -T) \tag{2.318}$$

我们定义另一个随机变量 $s = -y$，式(2.318) 可以重写为

$$\Pr(z' > y \mid (0|0)) = \Pr(t'_a + (-y) > -T) = \Pr(t'_a + s > -T) \tag{2.319}$$

$f_s(t)$ 在式(2.308) 中已经给出，t'_a 和 s 是独立的，$(t'_a + s)$ 的密度函数 $f_{t'_a+s}(t)$ 的计算式为

$$\begin{aligned} f_{t'_a+s}(t) &= \int_{-\infty}^{+\infty} f(u) f_s(t-u)\mathrm{d}u \\ &= \int_{0}^{+\infty} f(u) f_s(t-u)\mathrm{d}u \\ &= \int_{\bar{h}}^{+\infty} f(u) f_s(t-u)\mathrm{d}u \end{aligned} \tag{2.320}$$

其中，$\bar{h} = \max(0, t + t_{\mathrm{e}})$；$t_a$ 和 t'_a 是统计意义上相同的延时变量；$f_{t_a+s}(t) = f(t'_a + s)(t)$。因此，式(2.316) 中的 $\Pr(z' > y \mid (0|0))$ 可以表示为

$$\begin{aligned} \Pr(z' > y \mid (0|0)) &= \Pr(t'_a + s > -T) = 1 - F_{t_a+s}(-T) \\ &= 1 - \int_{-\infty}^{-T} f_{t_a+s}(t)\mathrm{d}t = 1 - \tilde{q}(T) \end{aligned} \tag{2.321}$$

其中，$\tilde{q}(x)$ 定义为

$$\tilde{q}(x)=\int_{-\infty}^{-T} f_{t_a+s}(t)\mathrm{d}t \tag{2.322}$$

通过将式(2.317)和式(2.321)代入到式(2.316)中,$P_{\mathrm{NoISI}|(0|0)}$ 可以写作

$$\begin{aligned}P_{\mathrm{NoISI}|(0|0)} &= \Pr(y'<z''\mid z'>y,(0|0))\Pr(z'>y\mid(0|0))\\ &= q(t_e+T)(1-\tilde{q}(T))\end{aligned} \tag{2.323}$$

最后,利用 $P_{\mathrm{NoISI}|(0|0)}$,式(2.315)中的误码率 P_e 可以写作:

$$\begin{aligned}P_e &= 1-P_{\mathrm{NoISI}|(0|0)}\Pr(0|0)\\ &= 1-q(t_e+T)(1-\tilde{q}(T))\Pr(0|0)\end{aligned} \tag{2.324}$$

其中,$q(\cdot)$、$\tilde{q}(\cdot)$ 和 $\Pr(0|0)$ 分别在式(2.305)、式(2.322)和式(2.287)中已介绍。

在图 2.39 中,给出了对于不同的符号间隔时间 T,误码率 P_e 随发射时间间隔 t_e 的变化曲线。P_e 和 P_{ISI} 遵循几乎相同的特征,这是因为 P_e 是一个与 P_{ISI} 直接相关的函数。然而,P_e 的值稍微高于 P_{ISI}(图 2.38 和图 2.39)。这个增量源于在某些情况下,并不存在 ISI 的错误,由于单一符号的乱序造成符号没能正确接收,其概率为$(1-\Pr(0|0))$。

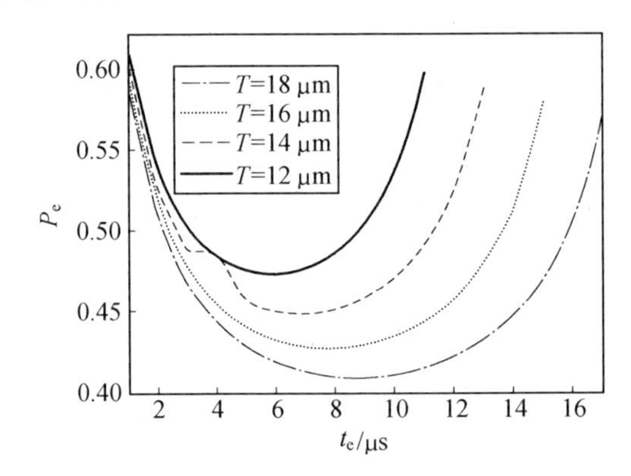

图 2.39　对于不同的符号间隔时间 T,误码率 P_e 随发射时间间隔 t_e 的变化曲线

利用 P_e,MARCO 信道的通信速率以每次传输的比特数表示,则 C 可以表征为 $C=(1-P_e)$。因此,通过代入 P_e,通信速率 $C=(1-P_e)$ 可以表示为

$$C=q(t_e+T)(1-\tilde{q}(T))\Pr(0|0) \tag{2.325}$$

在结束本节之前,需要说明的是,与本节介绍的二进制分子通信方案类似的其他二进制分子通信方案可以在文献[3,31,34,35,39]中找到。

本章参考文献

[1] Adam G, Delbrück M (1968) Reduction of dimensionality in biological diffusion processes. Struct Chem Mol Biol 198-215.

[2] Amirkhizi AV (2010) A model for a class of diffusion-based intercellular communication. Tributes to Yuan-Cheng Fung on his 90th birthday: Biomechanics: from molecules to man, p 167. World Scientific, Singapore.

[3] Arifler D (2011) Capacity analysis of a diffusion-based short-range molecular nanocommunication channel. Comput Netw 55(6): 1426-1434.

[4] Atakan B (2013) A deterministic model for molecular communication (submitted for a journal publication).

[5] Atakan B (2013) Optimal transmission probability in binary molecular communication. IEEE Commun Lett 17(6):1-4.

[6] Atakan B, Akan OB (2010) Deterministic capacity of information flow in molecular nanonetworks. Nano Commun Netw 1(1):31-42.

[7] Atakan B, Galmés S, Akan OB (2012) Nanoscale communication with molecular arrays in nanonetworks. IEEE Trans NanoBiosci 11(2):149-160.

[8] Avestimehr AS, Diggavi SN, Tse DN (2011). Wireless network information flow: A deterministic approach. IEEE Trans Inf Theor 57(4): 1872-1905.

[9] Basu S, Gerchman Y, Collins CH, Arnold FH, Weiss R (2005) A synthetic multicellular system for programmed pattern formation. Nature 434(7037):1130-1134.

[10] Berg HC (1993) Random walks in biology. Princeton University Press, Princeton.

[11] Berg HC, Purcell EM (1977) Physics of chemoreception. Biophys J 20

(2):193-219.

[12] Bergmann S, Sandler O, Sberro H, Shnider S, Schejter E, Shilo BZ, Barkai N (2007) Presteady-state decoding of the Bicoid morphogen gradient. PLoS Biol 5(2):e46.

[13] Bossert WH, Wilson EO (1963) The analysis of olfactory communication among animals. J Theor Biol 5(3):443-469.

[14] Carslaw HS, Jaeger JJC (1959) Conduction of heat in solids. Oxford University Press, Oxford.

[15] Chhikara RS, Folks JL (1989) The inverse Gaussian distribution: theory, methodology, and applications. CRC Press, Boca Raton.

[16] Cover TM, Thomas JA (2012) Elements of information theory. Wiley, New York.

[17] Crank J (1979) The mathematics of diffusion. Oxford University Press, Oxford.

[18] Endres RG, Wingreen NS (2008) Accuracy of direct gradient sensing by single cells. Proc Natl Acad Sci 105(41):15749-15754.

[19] Fredrickson AG (1966) Stochastic triangular reactions. Chem Eng Sci 21(8):687-691.

[20] Gadgil C, Lee CH, Othmer HG (2005) A stochastic analysis of first-order reaction networks. Bull Math Biol 67(5):901-946.

[21] Galmés S, Atakan B (2013) Delay analysis for M-ary molecular communication in nanonetworks (submitted for a journal publication).

[22] Gillespie DT (1977) Exact stochastic simulation of coupled chemical reactions. J Phys Chem 81(25):2340-2361.

[23] Gillespie DT (1991) Markov processes: an introduction for physical scientists. Academic, New York.

[24] Gillespie DT (2000) The chemical Langevin equation. J Chem Phys 13:297.

[25] Jackson JD (1975) Classical electrodynamics. Wiley, NewYork.

[26] Jahnke T, Huisinga W (2007) Solving the chemical master equation

for monomolecular reaction systems analytically. J Math Biol 54(1):1-26.

[27] Kadloor S, Adve RS, Eckford AW (2012) Molecular communication using brownian motion with drift. IEEE Trans NanoBioscience 11(2):89-99.

[28] Karatzas IA (1991) Brownian motion and stochastic calculus. Springer, New York.

[29] Kuran M, S, Yılmaz HB, Tŭgcu T, Özerman B (2010) Energy model for communication via diffusion in nanonetworks. Nano Commun Netw 1(2):86-95.

[30] LaVan DA, McGuire T, Langer R (2003) Small-scale systems for in vivo drug delivery. Nature Biotechnol 21(10):1184-1191.

[31] Mahfuz MU, Makrakis D, Mouftah HT (2010) On the characterization of binary concentrationencoded molecular communication in nanonetworks. Nano Commun Netw 1(4):289-300.

[32] McQuarrie DA (1967) Stochastic approach to chemical kinetics. J Appl Probab 4(3):413-478.

[33] Miorandi D (2011) A stochastic model for molecular communications. Nano Commun Netw 2(4):205-212.

[34] Nakano T, Moore M (2010) In-sequence molecule delivery over an aqueous medium. Nano Commun Netw 1(3):181-188.

[35] Nakano T, Okaie Y, Liu JQ (2012) Channel model and capacity analysis of molecular communication with Brownian motion. IEEE Commun Lett 16(6):797-800.

[36] Pierobon M, Akyildiz IF (2010) A physical end-to-end model for molecular communication in nanonetworks. IEEE J Sel Areas Commun 28(4):602-611.

[37] Pierobon M, Akyildiz IF (2011) Diffusion-based noise analysis for molecular communication in nanonetworks. IEEE Trans Signal Process 9(6):2532-2547.

[38] Pierobon M, Akyildiz IF (2013) Capacity of a diffusion-based molecular communication system with channel memory and molecular noise. IEEE Trans Inf Theor 59:942-954.

[39] Redner S (2001) A guide to first-passage processes. Cambridge University Press, Cambridge.

[40] Shoup D, Szabo A (1982) Role of diffusion in ligand binding to macromolecules and cellbound receptors. Biophys J 40(1):33-39.

[41] Eckford AW, Srinivas KV, Adve RS (2012) The peak constrained additive inverse Gaussian noise channel. In: Proceedings of IEEE International Symposium on Information Theory, July. 2012, pp 2973-2977.

[42] Srinivas KV, Eckford AW, Adve RS (2012) Molecular communication in fluid media: the additive inverse gaussian noise channel. IEEE Trans Inf Theor 58(7):4678-4692.

第3章　基于配体-受体结合机制的被动分子通信

本章介绍了接收纳米机器(RN)表面存在受体,并通过配体-受体结合现象接收分子情况下的被动分子通信(PMC)。首先提出了配体-受体的结合确定性和概率模型。然后,讨论了基因调控网络中的PMC,并介绍了整合分子的扩散、降解和配体-受体结合过程的统一模型。同时研究了配体-受体的结合浓度和梯度的感知精度。最后,给出了采用配体-受体结合的PMC的通信理论和技术。

3.1　被动分子通信架构

正如第2章所介绍的,被动分子通信(PMC)可以被表示为图3.1所示的抽象的架构。这一架构中定义的PMC分为3个主要阶段。第一阶段是分子的发射。在这一阶段,发射纳米机器(TN)将信使分子发射到介质中。第二阶段包括由TN发射的分子的扩散。最后一个阶段是分子的接收。在第2章中,前两个阶段(即分子的发射和扩散)已经被详细讨论过。第三个阶段(即

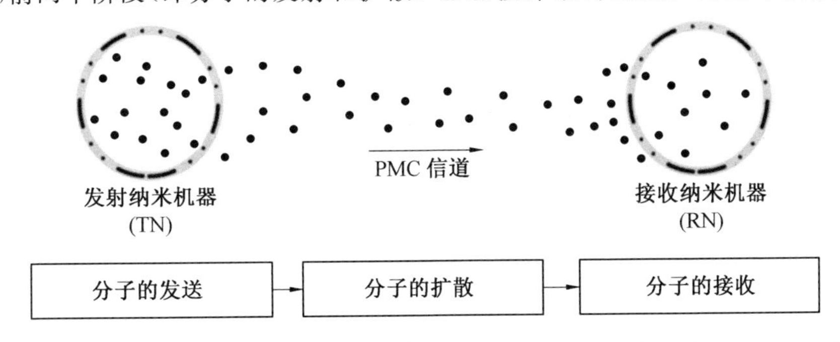

图3.1　一种发射纳米机器(TN)和接收纳米机器(RN)之间被动分子通信(PMC)的抽象架构

分子的接收)也已经讨论。然而,在上述章节中,假定RN是一个可以直接接收与其表面接触的信使分子的吸收体。然而,正如自然界中细胞间和细胞内的分子通信,RN可以具有一些特定的受体位点来接收信使分子。例如,如果RN是一个基因工程细胞,它的表面具有受体位点来接收TN发射的信使分子。因此,在本章中,讨论了通过表面受体的PMC。由于在第2章中已经介绍过PMC的发射和扩散阶段,本章主要侧重于通过表面受体的分子接收并介绍这种PMC的通信理论和技术。

3.1.1 基于表面受体的分子接收

基于表面受体的分子信息接收是自然界中最基本的细胞间通信现象。如图3.2所示,受体可以被看作是一个通过跨膜传输来连接细胞外和细胞内介质的桥梁[1]。这些受体的主要功能是结合配体(即信使分子,如生长因子和黏附分子)。受体驱动的细胞行为是极其重要的。例如,生长、分泌、收缩、蠕动和黏附等都是通过受体活动驱动的重要功能。此外,受体是唯一能够通过感知细胞外介质,结合配体和传输感知的信号到细胞内介质中,而指示这一细胞行为的结构。受体和它们的配体也能够被操纵来实现一些特定的目的。例如,可以改变受体的结构来提高其信号功能。这样的操作确实提供了一个简单的工具来理解和测试控制大多数生物体内重要活动的受体的功能。

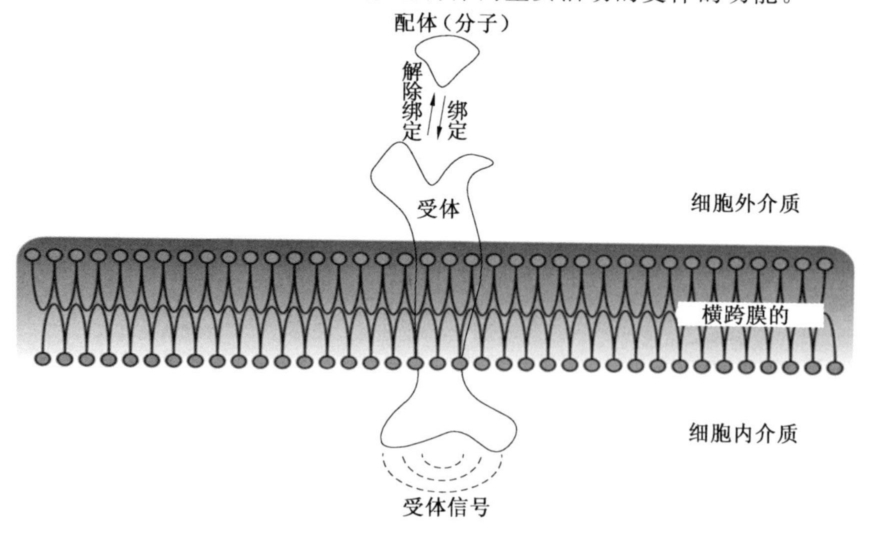

图3.2 表面单细胞受体示意图和配体(分子)与受体的结合/解除绑定过程

受体信号是由细胞表面的配体与受体结合的方式触发的。事实上，配体和受体的这一结合通常被称为配体-受体结合。这一结合能够激活各种细胞内的酶和反应。一些活动触发短期反应(毫秒到几分钟的量级)，而其他的会涉及额外的分子间相互作用，并发生长期的反应，如蛋白质合成。同时，受体群体正在经历与其他细胞表面分子耦合、内化、回收、降解和合成的活动。所有的这些活动术语称为"运输"[1]。信号和运输都是生物学中非常复杂的现象，并且超出了本书的范围。

图3.3给出了配体和受体结合产生结合体的过程。其中，RN被假定为一个具有表面受体并能够通过配体-受体结合机制捕获分子的仿生纳米机器(如人造细胞和工程细菌)，如图3.3所示。在配体-受体结合的基本模型中，假定配体① L(分子)与受体 R 通过图3.3所示的化学反应可逆结合来组成配体-受体结合体 M。

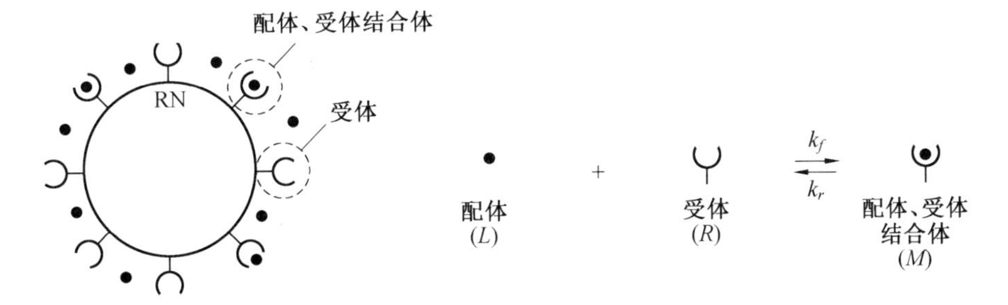

图3.3　采用配体-受体结合机制的分子接收

$$L+R\underset{k_{\mathrm{r}}}{\overset{k_{\mathrm{f}}}{\rightleftharpoons}}M \tag{3.1}$$

由于受体和配体有图3.2所示的一个结合位点，一个以上的配体不能够同时结合相同的受体。一旦形成配体-受体结合体，直到受体再次成为无配体或逆反应发生，配体才能够与该受体结合。假设最初细胞外的配体浓度是 L_0，细胞(RN)表面存在一定数量的受体，数目为 R_{T}。基于动力学质量作用定律，表征配体-受体结合体密度 M 随时间变化速率的差分方程表示为一个关于空闲受体数目 R 和配体浓度 L 的函数，即

① 在本书中，术语配体和分子被交替使用来描述TN发射的信使分子。

$$\frac{\mathrm{d}M}{\mathrm{d}t}=k_{\mathrm{f}}RL-k_{\mathrm{r}}M \tag{3.2}$$

其中,k_{f} 是表征配体和受体二阶相互作用速率的结合速率常数;k_{r} 是描述配体-受体分解的一阶速率的解离速率常数。由于式(3.1)中的正向和逆向反应,配体和受体的数目(即 L 和 R)分别随时间变化。然而,配体和受体的总数目以下面的方式保持守恒:

$$R_{\mathrm{T}}=R+M \tag{3.3}$$

$$L_0=L+\frac{M}{N_{\mathrm{Av}}} \tag{3.4}$$

其中,N_{Av} 是将分子数转化为摩尔数的阿伏伽德罗常数($6.02\times10^{23}\ \mathrm{mol}^{-1}$)。通过利用上述守恒方程,$R$ 和 L 可以表示为 $R=R_{\mathrm{T}}-M$ 和 $L=L_0-\frac{M}{N_{\mathrm{Av}}}$,且可以得到

$$\frac{\mathrm{d}M}{\mathrm{d}t}=k_{\mathrm{f}}[R_{\mathrm{T}}-M]\left[L_0-\frac{M}{N_{\mathrm{Av}}}\right]-k_{\mathrm{r}}M \tag{3.5}$$

对于与受体结合的配体的数目显著低于初始配体浓度的情况,即 $\frac{M}{N_{\mathrm{Av}}}\ll L_0$,式(3.5)中 $\left[L_0-\frac{M}{N_{\mathrm{Av}}}\right]$ 的项可简化为 $\left[L_0-\frac{M}{N_{\mathrm{Av}}}\right]\approx L_0$。然后,基于这一近似,式(3.5)可以改写为

$$\frac{\mathrm{d}M}{\mathrm{d}t}=k_{\mathrm{f}}[R_{\mathrm{T}}-M]L_0-k_{\mathrm{r}}M \tag{3.6}$$

假定 $M(0)=M_0$,由式(3.6)求解 $M(t)$ 可得

$$M(t)=M_0\mathrm{e}^{-[k_{\mathrm{f}}L_0+k_{\mathrm{r}}]t}+\left[\frac{k_{\mathrm{f}}L_0R_{\mathrm{T}}}{k_{\mathrm{f}}L_0+k_{\mathrm{r}}}\right]\left[1-\mathrm{e}^{-(k_{\mathrm{f}}L_0+k_{\mathrm{r}})t}\right] \tag{3.7}$$

处于平衡状态的配体-受体结合体数目 M_{eq} 通过求解 $\frac{\mathrm{d}M}{\mathrm{d}T}=0$ 可以得到,表示如下:

$$M_{\mathrm{eq}}=\frac{R_{\mathrm{T}}L_0}{K_{\mathrm{D}}+L_0} \tag{3.8}$$

其中,k_{D} 是平衡解离常数,满足 $k_{\mathrm{D}}=k_{\mathrm{r}}/k_{\mathrm{f}}$。注意到对于 $t\gg(k_{\mathrm{f}}L_0+k_{\mathrm{r}})^{-1}$,$M(t)$ 收敛于 M_{eq}[1]。下面给出的参数变化有助于理解 $M(t)$ 如何随时间变化

并收敛于 M_{eq}：

$$u=\frac{M}{R_T},\quad \tau=k_r t \tag{3.9}$$

其中，u 和 τ 分别是配体-受体结合体的比例数和按比例缩小的时间。注意到，u 可以解释为被配体占据的受体的比例，因此 $0\leqslant u\leqslant 1$。基于这些变化，式(3.6) ~ 式(3.8) 可以改写为

$$\frac{du}{d\tau}=(1-u)\frac{L_0}{K_D}-u \tag{3.10}$$

$$u(\tau)=u_0 e^{-\left(1+\frac{L_0}{K_D}\right)\tau}+\frac{L_0/K_D}{1+(L_0/K_D)}\left[1-e^{-\left(1+\frac{L_0}{K_D}\right)\tau}\right] \tag{3.11}$$

$$u_{eq}=\frac{L_0/K_D}{1+(L_0/K_D)} \tag{3.12}$$

其中，$u_0=M_0/R_T$，它反映了被配体占据的受体的初始比例。u_{eq} 是式(3.10) 令 $du/d\tau=0$ 的解。图 3.4 给出了通过设定 $u_0=0$，对于不同的 L_0/K_D，$u(\tau)$ 随 τ 的变化曲线。由于 $K_D=k_r/k_f$，L_0/K_D 的增加隐含着有更多的配体以一个增加的结合速率 k_f 与受体结合。因此，如图 3.4 所示，$u(\tau)$ 在 $u_0=0$ 的情况下，随着 L_0/K_D 的增加而增加。设定 $u(0)=1$，这意味着在 $\tau=0$ 时，所有的受体初始时都被配体占据。在图 3.5 中，给出了通过设定 $u(0)=1$，对于不同的 L_0/K_D，$u(\tau)$ 随 τ 的变化曲线。

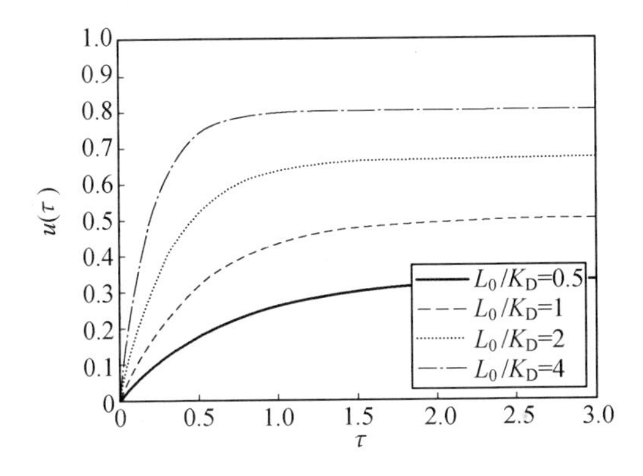

图 3.4　通过设定 $u_0=0$，对于不同的 L_0/K_D，$u(\tau)$ 随 τ 的变化曲线

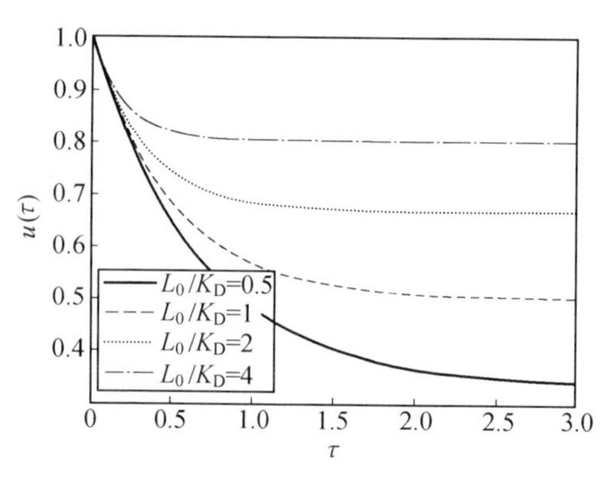

图 3.5　通过设定 $u_0=1$,对于不同的 L_0/K_D,$u(\tau)$ 随 τ 的变化曲线

3.1.2　配体-受体结合的概率问题

此外,它的确定性行为受式(3.13)的约束:

$$\frac{\mathrm{d}M}{\mathrm{d}t}=k_{\mathrm{f}}RL-k_{\mathrm{r}}M \tag{3.13}$$

由于配体和结合受体浓度上的固有偏差和波动,配体-受体结合有许多概率问题。首先检查配体浓度的波动。由于分子扩散的随机和热能波动,靠近RN的配体(或分子)的浓度随时间变化。这一变化会导致RN上结合受体数目的变化。为简单起见,我们仅关注这些波动对平衡状态结合受体数量的影响,并考虑式(3.13)中平衡状态的解,也就是确定为稳定状态配体浓度 L 函数的配体-受体结合体的平均平衡数量 M_{eq}:

$$M_{\mathrm{eq}}=\frac{R_{\mathrm{T}}L}{K_{\mathrm{D}}+L} \tag{3.14}$$

如果在发生受体结合的区域内存在配体浓度的随机的热能波动 δL,这会导致平衡状态结合体的数目根据下式波动:

$$\delta M_{\mathrm{eq}}=\frac{\mathrm{d}M_{\mathrm{eq}}}{\mathrm{d}L}\delta L=\frac{R_{\mathrm{T}}K_{\mathrm{D}}}{(K_{\mathrm{D}}+L)^2}\delta L \tag{3.15}$$

其中,δM_{eq} 和 δL 分别是 M_{eq} 和 L 的标准差。注意到 δM_{eq} 从 δL 中得出。这些波动的相对幅值为

$$\frac{\delta M_{\mathrm{eq}}}{M_{\mathrm{eq}}}=\left[1+\left(\frac{L}{K_{\mathrm{D}}}\right)\right]^{-1}\frac{\delta L}{L} \tag{3.16}$$

假定 $L=K_{\mathrm{D}}$,该局部配体浓度中存在10%的波动。然后,通过分析式

(3.16)，容易推出波动在平衡受体中占有5%[1]。

除了配体浓度中的波动，在动力学结合过程中的波动也会造成结合受体的偏差。我们考虑在一个很短的时间间隔 Δt 内发生的结合和解离事件，且至多一个任意类型的事件可以在配体和受体之间发生。令 $P_M(t)$ 表示 t 时刻在RN上存在 M 个配体-受体结合体的概率。然后，如果假定在 t 时刻存在 M 个结合体，在时间 Δt 内描述结合体数目变化的动力学方程可以如下给出：

$$P_M(t-\Delta t)-P_M(t)=k_f L[R_T-(M-1)]P_{M-1}(t)\Delta t-k_f L[R_T-M]P_M(t)\Delta t-k_r M P_M(t)\Delta t+k_r(M+1)P_{M+1}(t)\Delta t \tag{3.17}$$

在式(3.17)中，右边的第一项和第二项分别是在 t 时刻存在 $(M-1)$ 个和 M 个结合体的概率，且在 Δt 的时间内发生了一个结合事件。第三项和第四项分别是 t 时刻存在 M 和 $(M+1)$ 个结合体的概率，且在 Δt 的时间内发生了一个解离事件。此外，当 $\Delta t\to 0$ 时，式(3.17)简化为

$$\frac{\mathrm{d}P_M}{\mathrm{d}t}=k_f L[R_T-(M-1)]P_{M-1}+k_r(M+1)P_{M+1}-\{k_f L[R_T-M]+k_r M\}P_M\quad(M=1,2,\cdots,(R_T-1)) \tag{3.18}$$

注意到对于 $M=1,2,3,\cdots,(R_T-1)$，存在 (R_T-1) 个这样的方程，且对于 $M=0$ 和 $M=R_T$，式(3.18)简化为

$$\frac{\mathrm{d}P_0}{\mathrm{d}t}=-k_f L R_T P_0+k_r P_1 \tag{3.19}$$

$$\frac{\mathrm{d}P_{R_T}}{\mathrm{d}t}=k_f L P_{R_T-1}-k_r R_T P_{R_T} \tag{3.20}$$

式(3.18)～式(3.20)的这组方程是支配配体-受体结合随机动态的主方程。如果假定配体浓度保持不变，主方程变为 (R_T+1) 个线性常微分方程的相加构成的系统，并且对于各种瞬态的概率 $P_M(t)$ 能够解析求解[1]。

一种求解式(3.18)～式(3.20)的主方程的可选方案是将常微分方程系统转化为偏微分方程。为此，生成函数 $G(s,t)$ 可以如下定义：

$$G(s,t)=\sum_{M=0}^{R_T}s^M P_M(t) \tag{3.21}$$

其中，s 是虚拟变量[2]。将式(3.18)～式(3.20)乘以 s^M，并对结果方程求和。然后，通过将包括 P_M 的项写成 G 及其导数的函数，单一的偏微分方程可以如

下给出:

$$\frac{\partial G}{\partial t}=(1-s)\left\{(k_{\mathrm{f}}Ls+k_{\mathrm{r}})\frac{\partial G}{\partial s}-(k_{\mathrm{f}}LR_{\mathrm{T}})G\right\} \tag{3.22}$$

通常,式(3.22) 中偏微分方程的解必须有关于 G 的初始和边界条件。定义当 $M\neq 0, P_M(0)=0$ 时,以及当 $M=0, P_M(0)=1$ 时,由这些 P_M 的初始条件可以得到 G 的初始条件:

$$G(s,0)=\sum_{M=0}^{R_{\mathrm{T}}} s^M P_M(0)=1 \tag{3.23}$$

关于 G 的边界条件可以定义为

$$G(1,t)=\sum_{M=0}^{R_{\mathrm{T}}} P_M(t)=1 \tag{3.24}$$

一旦通过求解式(3.22) 得到 $G(s,t)$,可以按照下式获得单个 P_M 的概率为

$$P_0(t)=G(0,t) \tag{3.25}$$

$$P_M(t)=\frac{1}{M!}\left[\frac{\mathrm{d}^M G}{\mathrm{d}s^M}\right]_{s=0} \tag{3.26}$$

此外,利用 $G(s,t)$,M 的平均值$\langle M\rangle$ 和方差$\langle\sigma_M^2\rangle$ 可以表示为

$$\langle M\rangle=\sum_{M=0}^{R_{\mathrm{T}}} MP_M=\left[\frac{\partial G}{\partial s}\right]_{s=1} \tag{3.27}$$

$$\langle\sigma_M^2\rangle=\sum_{M=0}^{R_{\mathrm{T}}}(M-\langle M\rangle)^2 P_M=\left[\frac{\partial^2 G}{\partial s^2}+\frac{\partial G}{\partial s}-\left(\frac{\partial G}{\partial s}\right)^2\right]_{s=1} \tag{3.28}$$

通过设定$\frac{\partial G}{\partial t}=0$,式(3.22) 中的稳态解为

$$G(s)=\left[\frac{s+(k_{\mathrm{r}}/k_{\mathrm{f}}L)}{1+(k_{\mathrm{r}}/k_{\mathrm{f}}L)}\right]^{R_{\mathrm{T}}} \tag{3.29}$$

利用式(3.27) 和式(3.28),M 在平衡状态的平均值$\langle M_{\mathrm{eq}}\rangle$ 和方差$\langle\sigma_M^2\rangle_{\mathrm{eq}}$ 可以得到:

$$\langle M_{\mathrm{eq}}\rangle=\frac{R_{\mathrm{T}}L}{K_{\mathrm{D}}+L} \tag{3.30}$$

$$(\sigma_M^2)_{\mathrm{eq}}=\frac{R_{\mathrm{T}}LK_{\mathrm{D}}}{(K_{\mathrm{D}}+L)^2} \tag{3.31}$$

利用式(3.31),可以直接给出 $\delta M_{\mathrm{eq}}=(\sigma_M)_{\mathrm{eq}}$ 均方根偏差为

$$\delta M_{\text{eq}} = (\sigma_M)_{\text{eq}} = \frac{\sqrt{R_{\text{T}} L K_{\text{D}}}}{K_{\text{D}} + L} \tag{3.32}$$

通过结合这一结果和式(3.14)，平衡状态结合配体的数目的预期相对均方根波动如下：

$$\frac{\delta M_{\text{eq}}}{M_{\text{eq}}} = \left(\frac{K_{\text{D}}}{L R_{\text{T}}}\right)^{1/2} \tag{3.33}$$

除了式(3.22)的稳态解，按照参考文献[3]中的特征方法，它的瞬态解也可以获得。基于这一解决方案，可以通过式(3.27)和式(3.28)获得M的均值和方差如下：

$$\langle M \rangle = \frac{R_{\text{T}} L}{K_{\text{D}} + L}\left[1 - \mathrm{e}^{-(k_{\text{f}} L + k_{\text{r}})t}\right] \tag{3.34}$$

$$\sigma_M^2 = \frac{R_{\text{T}} L}{(K_{\text{D}} + L)^2}\left[L\mathrm{e}^{-(k_{\text{f}} L + k_{\text{r}})t} + K_{\text{D}}\right]\left[1 - \mathrm{e}^{-(k_{\text{f}} L + k_{\text{r}})t}\right] \tag{3.35}$$

一种同时支配着配体-受体结合的动态和PMC中配体扩散的改进的扩散方程将会在下一节中进行讨论。

3.1.3 PMC配体-受体结合中的一种改进的扩散方程

在PMC中，TN发射信使分子后，它们在TN和RN之间的介质中自由扩散[4]。一些到达RN表面受体附近的扩散分子被RN接收。因此，扩散和配体-受体结合在PMC中同时发生，对PMC的建模需要同时考虑这些。为此，扩散方程可以被修改为如下包括配体-受体结合反应的形式：

$$\frac{\mathrm{d}}{\mathrm{d}t}L = D\frac{\partial^2}{\partial x^2}L - \gamma L + k_{\text{r}} M - k_{\text{f}} R L \tag{3.36}$$

$$\frac{\mathrm{d}}{\mathrm{d}t}M = k_{\text{f}} R L - k_{\text{r}} M \tag{3.37}$$

其中，γ是配体的降解速率；D是扩散系数。假定结合和解离反应比分子的扩散和降解过程进行得快得多，此时$k_{\text{r}} \gg \gamma$和$k_{\text{f}} R \gg \gamma$。在这一假设下，对于给定的$L$、$M$中时间的变化是可以忽略不计的。在这种情况下，$M$可以写作

$$M = R_{\text{T}}\frac{L}{K_{\text{D}} + L} \tag{3.38}$$

其中，$K_{\text{D}} = k_{\text{r}}/k_{\text{f}}$。基于这一结果，$\frac{\mathrm{d}M}{\mathrm{d}t}$可以表示为

$$\frac{\mathrm{d}M}{\mathrm{d}t}=\frac{\mathrm{d}M}{\mathrm{d}L}\frac{\mathrm{d}L}{\mathrm{d}t}=\frac{R_{\mathrm{T}}K_{\mathrm{D}}}{(K_{\mathrm{D}}+L)^2}\frac{\mathrm{d}L}{\mathrm{d}t} \tag{3.39}$$

利用式(3.39)的结果并总结式(3.36)和式(3.37),可以给出

$$\frac{\mathrm{d}L}{\mathrm{d}t}+\frac{\mathrm{d}M}{\mathrm{d}t}=\left(1+\frac{R_{\mathrm{T}}K_{\mathrm{D}}}{(K_{\mathrm{D}}+L)^2}\right)\frac{\mathrm{d}L}{\mathrm{d}t}=D\frac{\partial^2}{\partial x^2}L-\gamma L \tag{3.40}$$

通过结合式(3.39)和式(3.40)的结果,$\frac{\mathrm{d}L}{\mathrm{d}t}$和$\frac{\mathrm{d}M}{\mathrm{d}t}$可以给出:

$$\frac{\mathrm{d}L}{\mathrm{d}t}=\hat{D}\frac{\partial^2}{\partial x^2}L-\hat{\gamma}L \tag{3.41}$$

$$\frac{\mathrm{d}M}{\mathrm{d}t}=\xi\hat{D}\frac{\partial^2}{\partial x^2}L-\xi\hat{\gamma}L \tag{3.42}$$

其中,$\hat{D}$、$\hat{\gamma}$和ξ为

$$\hat{D}=\frac{D}{1+\frac{R_{\mathrm{T}}K_{\mathrm{D}}}{(K_{\mathrm{D}}+L)^2}},\quad \hat{\gamma}=\frac{\gamma}{1+\frac{R_{\mathrm{T}}K_{\mathrm{D}}}{(K_{\mathrm{D}}+L)^2}},\quad \xi=\frac{R_{\mathrm{T}}K_{\mathrm{D}}}{(K_{\mathrm{D}}+L)^2} \tag{3.43}$$

利用这一改造,式(3.36)和式(3.37)中的统一模型简化为一个更常见的扩散方程的形式[5]。然而,获得这些方程的解十分重要,并且需要用到文献[6-8]中介绍的方法来求解析或数值解。接下来,通过研究分子的扩散对结合速率k_{f}和解离速率k_{r}的影响,来讨论分子的扩散对配体-受体结合的影响。

3.1.4 扩散对配体-受体结合的影响

到目前为止,在上述各节中,配体-受体结合被认为是一个单步的过程。

$$L+R\underset{k_{\mathrm{f}}}{\overset{k_{\mathrm{f}}}{\rightleftharpoons}}M \tag{3.44}$$

然而,两个分子的结合实际上包括两步,分别称为运输和反应,如图3.6所示。在运输步骤中,分子扩散到最近的受体,这一步骤可以用速率k_+表征。在反应步骤中,在受体附近的分子与受体发生化学反应。结合和解离的速度分别用结合速率k_{on}和解离速率k_{off}表征。因此,式(3.44)中k_{f}和k_{r}的值是k_+、k_{on}和k_{off}的结合。在接下来的分析中,研究了k_+、k_{on}和k_{off}是如何影响k_{f}和k_{r}的。

假设分子(或配体)在介质中自由扩散,一个单一的受体分子被置于球形坐标系的原点位置。然后,单一受体周围的配体浓度$L(r)$的稳态扩散方程可

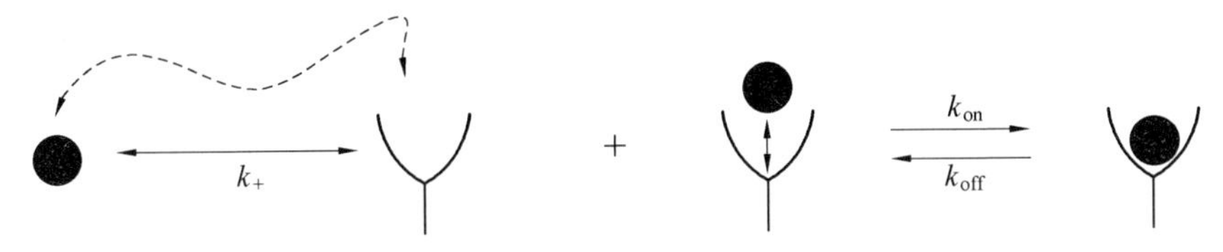

图 3.6　配体-受体集合过程的传输和反应步骤

以写作

$$D\frac{1}{r^2}\frac{\mathrm{d}}{\mathrm{d}r}\left(r^2\frac{\mathrm{d}L}{\mathrm{d}r}\right)=0 \tag{3.45}$$

其中，D是配体和受体扩散系数的和，即$D=D_L+D_r$。配体浓度L随到达受体的距离而变化。假定在离受体非常远的位置，配体的浓度与大部分配体的浓度L_0相等。这给出了下面的边界条件：

$$r\to\infty,\quad L\to L_0 \tag{3.46}$$

假设受体的表面被一个半径为s的虚拟球形外壳包围（图3.7）。s被称为“相遇半径”。一旦配体与相遇面接触，就假定配体-受体的结合被启动。受体绑定分子的速率与半径$r=s$处的虚拟球形外壳的分子浓度L的k_{on}倍相同（即$k_{on}L(s)$）。在稳定状态，该速率也和扩散通量（$r=s$处）与相遇面的表面积的乘积（即$4\pi s^2$）相等。这种相等的特性也给出了式(3.45)的第二边界条件，并可以如下给出：

$$4\pi s^2 D\left.\frac{\mathrm{d}L}{\mathrm{d}r}\right|_{r=s}=k_{on}L(s) \tag{3.47}$$

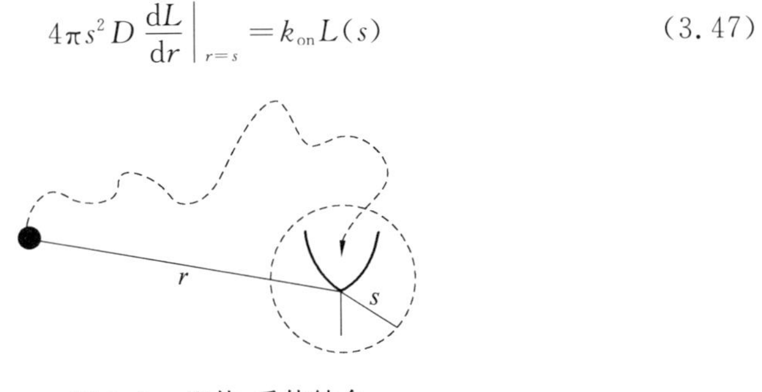

图 3.7　配体-受体结合

（受体表面由一个半径为s的虚拟球壳包围，s称为相遇半径，一旦配体进入到相遇半径内，配体-受体结合就发生了）

基于式(3.46)和式(3.47)的边界条件，式(3.45)的解为

$$L(r)=\frac{-k_{\text{on}}sL_0}{4\pi Ds+k_{\text{on}}}\left(\frac{1}{r}\right)+L_0 \tag{3.48}$$

利用结合速率 k_{f} 和大部分配体的浓度 L_0，式(3.47) 定义的通量可以为 $k_{\text{f}}L_0$。这将产生：

$$k_{\text{f}}=L_0^{-1}4\pi s^2D\left[\frac{\text{d}L}{\text{d}r}\right]_{r=s}=k_{\text{on}}L(s)L_0^{-1} \tag{3.49}$$

利用式(3.48)，显然 k_{f} 可以表达为

$$k_{\text{f}}=\frac{4\pi Dsk_{\text{on}}}{4\pi Ds+k_{\text{on}}} \tag{3.50}$$

回想式(2.79)，分子被半径为 a 的球形(即 RN) 吸收的概率是 $I=4\pi DaC_0$(分子 / 秒)，其中 C_0 是大部分分子体积的浓度。因此，每秒的速率可以写作 $4\pi Da\ \text{s}^{-1}$。考虑用半径 s(相遇半径) 表示而不是半径 a，分子吸收速率可以给出为 $4\pi Ds$。这一速率可以被解释为传输步骤的速率，即 $k_+=4\pi Ds$。因此，k_{f} 的表达式(3.50) 可以写作

$$k_{\text{f}}=\frac{4\pi Dsk_{\text{on}}}{4\pi Ds+k_{\text{on}}}=\frac{k_+k_{\text{on}}}{k_++k_{\text{on}}}=\left(\frac{1}{k_+}+\frac{1}{k_{\text{on}}}\right)^{-1} \tag{3.51}$$

式(3.51) 揭示了一个有趣的电模拟。基于式(3.51)，k_{f} 被解释为一个由两个串联的电阻组成的电阻。更具体地说，结合的电阻($1/k_{\text{f}}$) 与传输步骤的电阻($1/k_+$) 和反应步骤的电阻($1/k_{\text{on}}$) 两个单独电阻的串联相等。而且，如果 $k_{\text{on}}\gg k_+$，然后 $k_{\text{f}}\sim k_+=4\pi Ds$。这种情况下，结合过程是扩散受限的。如果 $k_{\text{on}}\ll k_+$，然后 $k_{\text{f}}\sim k_{\text{on}}$。在这种情况下，结合过程是反应受限的。

利用 k_+ 和 k_{on}，配体与受体结合的捕获概率 v 可以如下给出[9]：

$$v=\frac{k_{\text{on}}}{k_{\text{on}}+k_+} \tag{3.52}$$

k_{f} 表示为

$$k_{\text{f}}=vk_+ \tag{3.53}$$

基于这一捕获概率，解离(或反向) 速率 k_{r} 可以写作

$$k_{\text{r}}=(1-v)k_{\text{off}} \tag{3.54}$$

其中，$(1-v)$ 被称为逃逸概率，反映了配体-受体结合现象中解离事件的物理动力学特性。

图 3.8 展示了分子游离在溶液中，而受体位于 RN 的表面上。式(3.45) ～ 式(3.54) 的分析是基于配体和受体在溶液中都是自由运动的假

设。现在我们将目光聚焦在配体-受体结合中配体在溶液中是自由运动的，而受体是在RN的表面上，如图3.8所示。事实上，在这种情况下，大多数的速率表达式是式(3.45) ~ 式(3.54)中推导出的传输和反应速率的简单扩展。更具体地说，分子扩散到RN表面上的传输速率为

$$(k_+)_{\mathrm{RN}} = 4\pi Da \tag{3.55}$$

其中，a是RN的半径。注意到，$(k_+)_{\mathrm{RN}}$是通过$k_+=4\pi Ds$中利用RN的半径a替代受体的相遇半径s获得的。RN的反应速率利用单个受体的反应速率给出，即k_{on}表示为

$$(k_{\mathrm{on}})_{\mathrm{RN}} = Rk_{\mathrm{on}} \tag{3.56}$$

其中，R是自由受体的数目。需要注意的是R并不是恒定的；由于结合和分离解的动态事件不断发生，R随时间而变化。然后，利用$(k_+)_{\mathrm{RN}}$和$(k_{\mathrm{on}})_{\mathrm{RN}}$，配体结合到RN的结合速率为

$$(k_{\mathrm{f}})_{\mathrm{RN}} = \frac{(k_+)_{\mathrm{RN}}(k_{\mathrm{on}})_{\mathrm{RN}}}{(k_+)_{\mathrm{RN}} + (k_{\mathrm{on}})_{\mathrm{RN}}} = \frac{4\pi DaRk_{\mathrm{on}}}{4\pi Da + Rk_{\mathrm{on}}} \tag{3.57}$$

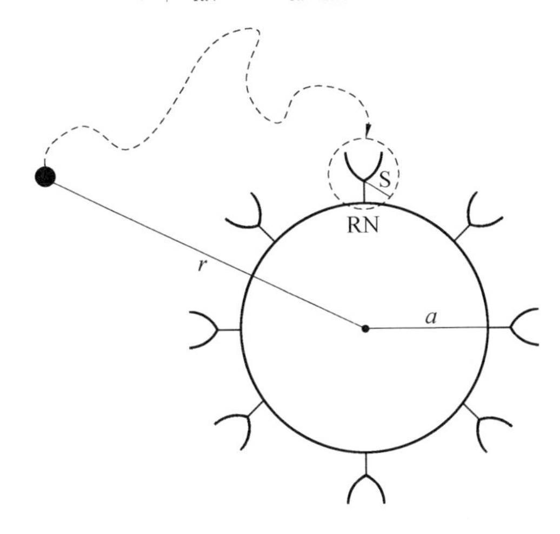

图3.8 分子与RN表面的受体结合

注意到$(k_{\mathrm{f}})_{\mathrm{RN}}$是直接利用式(3.51)的结果给出的，且用$(k_{\mathrm{f}})_{\mathrm{RN}}$除以$R$，可以获得每个受体的结合速率。此外，基于式(3.52)和式(3.54)，RN的捕获概率$(v)_{\mathrm{RN}}$和分子与RN表面解离的速率k_{r}表示如下：

$$(v)_{\mathrm{RN}} = \frac{Rk_{\mathrm{on}}}{(k_+)_{\mathrm{RN}} + Rk_{\mathrm{on}}} = \frac{Rk_{\mathrm{on}}}{4\pi Da + Rk_{\mathrm{on}}} \tag{3.38}$$

$$k_{\mathrm{f}}=\frac{(k_{+})_{\mathrm{RN}}k_{\mathrm{off}}}{(k_{+})_{\mathrm{RN}}+Rk_{\mathrm{on}}}=\frac{4\pi DaRk_{\mathrm{off}}}{4\pi Da+Rk_{\mathrm{on}}} \tag{3.59}$$

除了本节介绍的机制和模型,活细胞之间通过表面受体的分子通信有很多扩展和额外的机制。有兴趣的读者可以从参考文献[1]中生物学的观点发现配体-受体结合现象的细节描述。接下来,对浓度上的统计学波动和表面受体的梯度感知进行了研究。

3.1.5 表面受体的浓度感知精度

假设 RN 利用其表面的受体感知周围环境中的浓度。正如上面所讨论过的,这种浓度感知是由配体-受体结合现象支配的。参考文献[10]对这种浓度感知的精度进行了研究。为此,我们首先考虑单个受体位点并令 $n(t)$ 描述这一位点的历史记录。当受体被占用时,$n(t)$ 的值是 1;受体为空时,值为 0。通过回忆 3.1.1 节中的讨论,$n(t)$ 的关键方程可以如下给出:

$$\frac{\mathrm{d}n}{\mathrm{d}t}=k_{\mathrm{f}}C_0(1-n)-k_{\mathrm{r}}n \tag{3.60}$$

$n(t)$ 的时间平均 $\bar{n}$ 可表示为

$$\bar{n}=\frac{C_0}{C_0+K_{\mathrm{D}}} \tag{3.61}$$

其中,C_0 是 RN 周围环境内的分子浓度;K_{D} 是平衡解离常数,$K_{\mathrm{D}}=k_{\mathrm{f}}/k_{\mathrm{r}}$。注意到,$\bar{n}$ 是通过对式(3.60)在 $\mathrm{d}n/\mathrm{d}t=0$ 时解得的(即式(3.60)的稳态行为)。在分子附着在受体上面之后,定义其被释放的脱离概率。令一个时间间隔 $\mathrm{d}t$ 内的脱离概率为 $\mathrm{d}t/\tau_{\mathrm{b}}$,其中 τ_{b} 是分子与受体保持结合的平均时间。假设受体结点是一个半径为 s 的圆形片。然后,到圆形片的分子扩散电流是式(2.83)中已经导出的 $I_2=4DsC_0$。利用这一扩散电流,一个空置的贴片在 $\mathrm{d}t$ 的时间内变为占用的概率为 $4DsC_0\mathrm{d}t$。事实上,$\bar{n}$ 可以被看作是受体片被占用的概率,因此,$(1-\bar{n})$ 是受体片为空的概率。因此,下列等式可以给出:

$$\bar{n}\frac{\mathrm{d}t}{\tau_{\mathrm{b}}}=(1-\bar{n})4DsC_0\mathrm{d}t \tag{3.62}$$

通过化简,它简化为

$$\frac{\bar{n}}{\tau_{\mathrm{b}}}=(1-\bar{n})4DsC_0 \tag{3.63}$$

利用式(3.61)和式(3.63),并设 $\bar{n}=1/2$,τ_{b} 可以获得如下:

$$\tau_b = (4DsK_D)^{-1} \tag{3.64}$$

假设在时间 T 内对 $n(t)$ 进行记录，以此估计环境浓度 C_0。利用记录的值，$\bar{n}$ 的估计可以如下给出：

$$n_T = \frac{1}{T}\int_{t_1}^{t_1+T} n(t)\mathrm{d}t \tag{3.65}$$

用 n_T 估计浓度 C_0 如下[10]：

$$\frac{C_0}{K_D} = \frac{n_T}{(1-n_T)} \tag{3.66}$$

注意到式(3.66)的微分利用了式(3.61)。为了找到这样一个 C_0 估计的不确定性，我们定义 $n(t)$ 的相关函数如下：

$$G(\tau) = \langle n(t)n(t+\tau)\rangle \tag{3.67}$$

假定大量的观测对数量为 l。一个观测取在 t，另一个取在$(t+\tau)$。在这里，t 是随机的，而 τ 却总是相同的。我们考虑第一观测为 $n=1$ 的一对观测。如果 l 非常大，则有 $l\bar{n}$ 对这样的观测。从式(3.67)中 $G(\tau)$ 的定义，观测对(1,1)的数目是 $lG(\tau)$。观测对(1,0)的数目是$(l\bar{n}-lG(\tau))$。我们考虑第二次观测的时间偏移从$(t+\tau)$到$(t+\tau+\mathrm{d}\tau)$的结果。在这一偏移过程中，在 $lG(\tau)$ 个(1,1)观测对中，有 $lG(\tau)\mathrm{d}\tau/\tau_b$ 个观测对变为(1,0)。类似地，在$(l\bar{n}-lG(\tau))$个观测对(1,0)中，有$[l\bar{n}-lG(\tau)][(\bar{n}\mathrm{d}\tau/\tau_b)/(1-\bar{n})]$个变为(1,1)。因此

$$\begin{cases} lG(\tau+\mathrm{d}\tau)-lG(\tau) = -lG\dfrac{\mathrm{d}\tau}{\tau_b}+l[\bar{n}-G(\tau)]\dfrac{\bar{n}}{1-\bar{n}}\dfrac{\mathrm{d}\tau}{\tau_b} \\ \mathrm{d}G = -G\dfrac{\mathrm{d}\tau}{\tau_b}+[\bar{n}-G]\dfrac{\bar{n}}{1-\bar{n}}\dfrac{\mathrm{d}\tau}{\tau_b} \end{cases} \tag{3.68}$$

假设 $G(0)=\bar{n}$，并对式(3.68)积分，$G(\tau)$ 可以写作

$$G(\tau) = \bar{n}^2 + \bar{n}(1-\bar{n})\mathrm{e}^{-\frac{|\tau|}{(1-\bar{n})\tau_b}} \tag{3.69}$$

$G(\tau)$ 是 τ 的偶函数，即 $G(\tau)=G(-\tau)$。基于 $G(\tau)$ 的这一特性和式(3.65)中 n_T 的定义，可以给出下式：

$$n_T^2 = \frac{1}{T^2}\int_{t_1}^{t_1+T}\mathrm{d}t'\int_{t_1}^{t_1+T} n(t)n(t')\mathrm{d}t \tag{3.70}$$

此外，利用式(3.67)和式(3.70)中 $G(\tau)$ 的定义，可以获得下式[10]：

$$\langle n_T^2\rangle = \frac{1}{T^2}\int_0^T \mathrm{d}t'\int_0^T G(t'-t)\mathrm{d}t \tag{3.71}$$

然后,假定 $T \gg \tau_b$,并对式(3.71)中的积分进行近似,n_T 的均方波动 $\langle(\delta n_T)^2\rangle$ 可以如下给出[10]:

$$\langle(\delta n_T)^2\rangle = \langle n_T^2\rangle - \langle n_T\rangle^2 = \frac{2\bar{n}(1-\bar{n})^2\tau_b}{T} \tag{3.72}$$

然后,单一受体结点的浓度测量不确定度可以如下给出:

$$\frac{\langle(\delta C_0)^2\rangle}{C_0^2} = \frac{\langle(\delta n_T)^2\rangle}{\langle n_T\rangle^2} = \frac{2\tau_b}{T\bar{n}} \tag{3.73}$$

利用式(3.61)和式(3.64),式(3.73)可简化为

$$\frac{\langle(\delta C_0)^2\rangle}{C_0^2} = 4DsC_0\,\frac{(1-\bar{n})T}{2} = I_2\,\frac{(1-\bar{n})T}{2} \tag{3.74}$$

注意到 I_2 在式(2.83)中已经导出。这一结果可以通过推导多个受体位点的浓度测量不确定度的表达式获得。事实上,在多个受体的情况下,受体位点的统计相关性是固有产生的。例如,我们考虑 RN 上两个相对靠近的受体(受体 j 和受体 k)。由于受体的邻近关系,受体 j 释放的分子极有可能游荡到受体 k 表面。因此,这些受体的占用并不是独立统计的。然而,受体之间的统计相关性的研究是极其困难的。我们考虑那些先前没有绑定到任何受体的"新"分子,而不是研究这一相关性。通过简单地考虑新分子和它们的占用记录,就有可能决定 RN 浓度感知中的统计误差。这一误差和所有统计的接收到的分子经历的误差是相同的,而不管它们在先前是否被接收过[10]。因此,若只考虑新的分子,可以通过适当的扩散电流来直接修改式(3.74)中的不确定度表达式。

对于 RN 具有 N 个可以看作是 N 个圆形贴片的受体位点的情况,到达 RN 的扩散电流为

$$I_1 = 4\pi DC_0\left(\frac{Nsa}{Ns+\pi a}\right) \tag{3.75}$$

注意到,I_1 在式(2.82)中已经给出。然后,对于多个受体的情况,式(3.74)中浓度测量的不确定度利用 I_1 修改成如下的形式:

$$\frac{\langle(\delta C_0)^2\rangle}{C_0^2} = I_1\,\frac{(1-\bar{n})T}{2} = 4\pi DC_0\left(\frac{Nsa}{Ns+\pi a}\right)\frac{(1-\bar{n})T}{2} \tag{3.76}$$

上面关于 RN 的浓度感知精度的讨论主要是基于部分占用 n,即 $\bar{n}$。然而,为了量化 n 的波动,可以研究 n 的方差。n 的动力学方程可以如下给出:

$$\frac{\mathrm{d}n(t)}{\mathrm{d}t}=k_{\mathrm{f}}C_0[1-n(t)]-k_{\mathrm{r}}n(t) \tag{3.77}$$

注意到这一动力学方程在式(3.60)中已经给出过。结合过程中的自由能F定义为受体在未结合和结合状态中的自由能差。F和反应速率k_{f}和k_{r}之间的关系为

$$\frac{k_{\mathrm{f}}C_0}{k_{\mathrm{r}}}=\exp\left(\frac{F}{k_{\mathrm{B}}T}\right) \tag{3.78}$$

其中,k_{B}和T分别表示玻耳兹曼常数和温度。应注意到,式(3.78)中T表示的是温度,而不是持续时间。假定由于热波动,速率k_{f}和k_{r}存在微小变化δk_{f}和δk_{r}。然后,通过对式(3.78)的线性化,可以给出下式:

$$\frac{\mathrm{d}\delta n}{\mathrm{d}t}=-(k_{\mathrm{f}}C_0+k_{\mathrm{r}})\delta n+C_0(1-\bar{n})\delta k_{\mathrm{f}}-\bar{n}\delta k_{\mathrm{r}} \tag{3.79}$$

其中,$\bar{n}$表示n的均值,$\bar{n}=k_{\mathrm{f}}C_0/(k_{\mathrm{f}}C_0+k_{\mathrm{r}})$。由于速率常数的变化等于受体自由能差的外部扰动,基于式(3.78)下列等式可以修改为

$$\frac{\delta k_{\mathrm{f}}}{k_{\mathrm{f}}}-\frac{\delta k_{\mathrm{r}}}{k_{\mathrm{r}}}=\frac{\delta F}{k_{\mathrm{B}}T} \tag{3.80}$$

通过整合式(3.79)和式(3.80),可以写出下式:

$$\frac{k_{\mathrm{B}}T}{k_{\mathrm{f}}C_0(1-\bar{n})}\frac{\mathrm{d}\delta n}{\mathrm{d}t}+\frac{k_{\mathrm{B}}T(k_{\mathrm{f}}C_0+k_{\mathrm{r}})}{k_{\mathrm{f}}C_0(1-\bar{n})}\delta n=\delta F \tag{3.81}$$

式(3.81)中的表达式反映了单个速率常数的波动抵消,剩余的是热力学结合能量的波动δF[11]。

上面介绍的结合过程中的化学动力学和胡克弹簧约束的过阻尼布朗粒子的位置$X(t)$的朗之万方程类似。弹簧根据位置产生一个恢复力$-\kappa X$。此外,粒子受到一个阻力系数为γ的黏性阻力。然后,运动方程变为

$$\gamma\frac{\mathrm{d}X}{\mathrm{d}t}=\kappa X=f(t) \tag{3.82}$$

其中,$f(t)$是波动力,基于波动耗散定理[12],可以给出下式:

$$\langle f(t)f(t+\tau)\rangle=2k_{\mathrm{B}}T\gamma\delta(\tau) \tag{3.83}$$

其中,$\delta(\cdot)$是狄拉克函数。$X(t)$的线性响应可以一般化为

$$X(t)=\int_0^{+\infty}\alpha(t')F(t-t')\mathrm{d}t' \tag{3.84}$$

其中,$\langle X(t)=0\rangle$;$\alpha(t)$是取决于系统特性并表征系统对小的外部扰动响应的广义敏感性;$F(t)$是热力学共轭力[11]。事实上,式(3.84)是$\alpha(t)$和$F(t)$的卷

积。因此,通过对式(3.84)两边取傅氏变换,式(3.84)的频域表示如下:

$$\widetilde{X}(\omega)=\widetilde{\alpha}(\omega)\widetilde{F}(\omega) \tag{3.85}$$

其中,$\widetilde{X}(\omega)$、$\widetilde{\alpha}(\omega)$ 和 $\widetilde{F}(\omega)$ 分别表示 $X(t)$、$\alpha(t)$ 和 $F(t)$ 的傅氏变换。在封闭系统中的热平衡状态下,波动耗散提供了决定系统由于外部力多少能量会消散成热能的 $\widetilde{\alpha}(\omega)$ 的虚部和对应坐标系 X 的自发波动的功率谱 $S_X(\omega)$ 之间的关系:

$$S_X(\omega)=\frac{2k_{\mathrm{B}}T}{\omega}\mathrm{Im}[\widetilde{\alpha}(\omega)] \tag{3.86}$$

其中,Im[·]指的是取虚部。结合过程中的动力学和胡克弹簧的运动之间的类比可以总结如下:① 用 X 表示的坐标可以看作是 n 个受体的部分占用。② 现象学的“运动方程”被认为是化学动力学方程。③ 热力学共轭力被认为是相互作用的物体之间的自由能差。注意到在上面的讨论中,共轭力和自由能差都表示为 F。

利用这些类比和式(3.85),广义敏感性 $\widetilde{\alpha}(\omega)$ 可以写作:

$$\widetilde{\alpha}(\omega)=\frac{\delta\widetilde{n}(\omega)}{\delta\widetilde{F}(\omega)} \tag{3.87}$$

更为具体地,通过对式(3.81)进行傅氏变换,可得到 $\widetilde{\alpha}(\omega)$ 如下:

$$\widetilde{\alpha}(\omega)=\frac{\delta\widetilde{n}(\omega)}{\delta\widetilde{F}(\omega)}=\frac{1}{k_{\mathrm{B}}T}\cdot\frac{k_{\mathrm{f}}C_0(1-\bar{n})}{-\mathrm{i}\omega+(k_{\mathrm{f}}C_0+k_{\mathrm{r}})} \tag{3.88}$$

正如式(3.86),部分占用 n 的波动的功率谱 $S_n(\omega)$ 可以利用 $\widetilde{\alpha}(\omega)$ 给出:

$$S_n(\omega)=\frac{2k_{\mathrm{f}}C_0(1-\bar{n})}{\omega^2+(k_{\mathrm{f}}C_0+k_{\mathrm{r}})^2} \tag{3.89}$$

下面对于功率谱 $S_n(\omega)$ 的积分也给出了 n 的方差 $\langle(\delta n)^2\rangle$:

$$\langle(\delta n)^2\rangle=\frac{1}{2\pi}\int_{-\infty}^{\infty}S_n(\omega)\mathrm{d}\omega \tag{3.90}$$

因此,为了获得 $\langle(\delta n)^2\rangle$,$S_n(\omega)$ 可以表示为

$$S_n(\omega)=\frac{2k_{\mathrm{f}}C_0(1-\bar{n})}{\omega^2+(k_{\mathrm{f}}C_0+k_{\mathrm{r}})^2}=\langle(\delta n)^2\rangle\frac{2\tau_{\mathrm{c}}}{1+(\omega\tau_{\mathrm{c}})^2} \tag{3.91}$$

其中,τ_{c} 是相关时间,并表示为 $\tau_{\mathrm{c}}=(k_{\mathrm{f}}C_0+k_{\mathrm{r}})^{-1}$:

$$\frac{1}{2\pi}\int_{-\infty}^{+\infty}\left(\frac{2\tau_{\mathrm{c}}}{1+(\omega\tau_{\mathrm{c}})^2}\right)\mathrm{d}\omega=1 \tag{3.92}$$

因此，利用式(3.89)和式(3.91)，$\langle(\delta n)^2\rangle$ 可以获得为

$$\langle(\delta n)^2\rangle = \frac{k_f C_0(1-\bar{n})}{k_f C_0 + k_r} = \bar{n}(1-\bar{n}) \tag{3.93}$$

部分占用的方差 $\langle(\delta n)^2\rangle$ 反映了第一受体结合过程中的波动[11]。接下来，通过采用和上面类似的方法，研究了表面受体梯度感知的精度。

3.1.6　表面受体的梯度感知精度

在浓度感知精度的分析中，假定受体周围的分子浓度是静态的，这也就意味着它不随时间改变。然而，上面介绍的同样的方法可以扩展到更一般的情况，也就是RN通过多个受体位点来感知浓度梯度。对于这种情况，式(3.77)中的动力学方程可以修改为

$$\frac{\mathrm{d}n_j(t)}{\mathrm{d}t} = k_f C(\boldsymbol{x}_j, t)[1-n_j(t)] - k_r n_j(t) \tag{3.94}$$

其中，$\boldsymbol{x}_j$ 表示受体 j 的位置；n_j 是受体 j 的部分占用。在这种情况下，下面的扩散方程必须考虑到分子扩散的量化：

$$\frac{\partial C(\boldsymbol{x}, t)}{\partial t} = D\,\nabla^2 C(\boldsymbol{x}, t) - \sum_{l=1}^{m} \delta(\boldsymbol{x}-\boldsymbol{x}_l)\frac{\mathrm{d}n_l(t)}{\mathrm{d}t} \tag{3.95}$$

其中，m 表示RN上的受体数目。和式(3.79)类似，式(3.94)的线性化和式(3.95)中的扩散方程给出如下[13]：

$$\frac{\mathrm{d}(\delta n_j(t))}{\mathrm{d}t} = -(k_f\bar{C}_j + k_r)\delta n_j + \bar{C}_j(1-\bar{n}_j)\delta k_f - \bar{n}_j\delta k_r + k_f(1-\bar{n}_j)\delta C_j \tag{3.96}$$

$$\frac{\partial(\delta C(\boldsymbol{x}, t))}{\partial t} = D\,\nabla^2 C(\boldsymbol{x}, t) - \sum_{l=1}^{m} \delta(\boldsymbol{x}-\boldsymbol{x}_l)\frac{\mathrm{d}(\delta n_l(t))}{\mathrm{d}t} \tag{3.97}$$

其中，$\bar{n}_j = k_f\bar{C}_j/(k_f\bar{C}_j + k_r)$，$\bar{C}_j = \bar{C}(\boldsymbol{x}_j, t)$。注意到 $\bar{n}_j$ 可以写作 $\bar{n}_j = \bar{C}_j/(\bar{C}_j + K_D)$，这在式(3.61)中已经给出。此外，在梯度感知的情况下，对于受体 j，式(3.78)和式(3.80)的表达式的变形如下：

$$\frac{k_f\bar{C}_j}{k_r} = \exp\left(\frac{F_j}{k_B T}\right) \tag{3.98}$$

$$\frac{\delta k_f}{k_f} - \frac{\delta k_r}{k_r} = \frac{\delta F_j}{k_B T} \tag{3.99}$$

利用式(3.99)，式(3.96)的频率表示可以通过傅氏变换得出：

$$-\mathrm{i}\omega\delta\tilde{n}_j(\omega)=-(k_\mathrm{f}\bar{C}_j+k_\mathrm{r})\delta\tilde{n}_j(\omega)+\frac{k_\mathrm{f}(1-\bar{n}_j)\bar{C}_j}{k_\mathrm{B}T}\delta\tilde{F}_j(\omega)+k_\mathrm{f}(1-\bar{n}_j)\delta\tilde{C}_j(\omega) \tag{3.100}$$

利用下面的傅氏变换[13]:

$$\delta C(\boldsymbol{x},t)=\int\frac{\mathrm{d}\omega}{2\pi}\int\frac{\mathrm{d}^3k}{(2\pi)^3}\mathrm{e}^{\mathrm{i}(\boldsymbol{kx}-\omega t)\delta\tilde{C}(\omega,\boldsymbol{k})} \tag{3.101}$$

$$\delta(\boldsymbol{x}-\boldsymbol{x}_l)=\int\frac{\mathrm{d}^3k}{(2\pi)^3}\mathrm{e}^{\mathrm{i}\boldsymbol{k}(\boldsymbol{x}-\boldsymbol{x}_l)-k/\Lambda} \tag{3.102}$$

$$\delta n_l(t)=\int\frac{\mathrm{d}\omega}{2\pi}\mathrm{e}^{-\mathrm{i}\omega t}\delta\tilde{n}_l(\omega) \tag{3.103}$$

对式(3.97)中的线性扩散方程进行傅氏变换[13]:

$$\delta\tilde{C}(\omega,\boldsymbol{k})=\frac{\mathrm{i}\omega}{Dk^2-\mathrm{i}\omega}\sum_{l=1}^{m}\mathrm{e}^{-\mathrm{i}\boldsymbol{kx}_l-k/\Lambda}\delta\tilde{n}_l(\omega) \tag{3.104}$$

其中,$k=|\boldsymbol{k}|$;Λ 是收敛因子。通过将式(3.104)中的空间傅氏变换转化到现实空间,受体位置的浓度波动可以如下给出:

$$\delta\tilde{C}(\boldsymbol{x}_j,\omega)=\frac{\mathrm{i}\omega\Lambda}{2\pi^2D}\delta\tilde{n}_j(\omega)+\frac{\mathrm{i}\omega}{4\pi D}\sum_{l\neq j}^{m}\frac{\delta\tilde{n}_l(\omega)}{|\boldsymbol{x}_j-\boldsymbol{x}_l|} \tag{3.105}$$

对于式(3.104)到式(3.105)转换的细节,详见参考文献[13]。通过代入式(3.105),式(3.100)可以重写为

$$-\mathrm{i}\omega\delta\tilde{n}_j=\left[k_\mathrm{f}(1-\bar{n}_j)\frac{\mathrm{i}\omega\Lambda}{2\pi^2D}-(k_\mathrm{f}\bar{C}_j+k_\mathrm{r})\right]\delta\tilde{n}_j+k_\mathrm{f}(1-\bar{n}_j)\frac{\mathrm{i}\omega}{4\pi D}\sum_{l\neq j}^{m}\frac{\delta\tilde{n}_l}{|\boldsymbol{x}_j-\boldsymbol{x}_l|}+\frac{k_\mathrm{f}(1-\bar{n}_j)\bar{C}_j}{k_\mathrm{B}T}\delta\tilde{F}_j\quad(j=1,2,\cdots,m) \tag{3.106}$$

这一方程表征了对于每个受体 j,自由能差 $\delta\tilde{F}_j(\omega)$ 的频率依赖性变化是如何影响每个受体的频率依赖性占用 $\delta\tilde{n}_j(\omega)$。假定只存在两个受体,也就是说,$j=1,2$。对于这两个受体,式(3.106)可以写成下面的矩阵形式:

$$\begin{bmatrix}\delta\tilde{F}_1\\ \delta\tilde{F}_2\end{bmatrix}=k_\mathrm{B}T\cdot\begin{bmatrix}\dfrac{k_\mathrm{f}\bar{C}_1+k_\mathrm{r}-\mathrm{i}\omega(1+\Sigma_1)}{k_\mathrm{f}(1-\bar{n}_1)\bar{C}} & \dfrac{-\mathrm{i}\omega}{4\pi Dr\bar{C}_1}\\ \dfrac{-\mathrm{i}\omega}{4\pi Dr\bar{C}_2} & \dfrac{k_\mathrm{f}\bar{C}_2+k_\mathrm{r}-\mathrm{i}\omega(1+\Sigma_2)}{k_\mathrm{f}(1-\bar{n}_2)\bar{C}_2}\end{bmatrix}\begin{bmatrix}\delta\tilde{n}_1\\ \delta\tilde{n}_2\end{bmatrix} \tag{3.107}$$

其中,r 是两个受体间的距离,$r=|\boldsymbol{x}_1-\boldsymbol{x}_2|$,$\sum_i=k_f(1-\bar{n}_i)/2\pi Ds$,$s$ 是受体的大小。通过对矩阵求逆,频率依赖性占用可以确定如下:

$$\begin{bmatrix}\delta\tilde{n}_1\\ \delta\tilde{n}_2\end{bmatrix}=\boldsymbol{A}(\omega)\begin{bmatrix}\delta\tilde{F}_1\\ \delta\tilde{F}_2\end{bmatrix} \tag{3.108}$$

$$\begin{bmatrix}\delta\tilde{n}_1\\ \delta\tilde{n}_2\end{bmatrix}=\underbrace{\frac{1}{k_B T}\begin{bmatrix}\dfrac{k_f\bar{C}_1+k_r-i\omega(1+\Sigma_1)}{k_f(1-\bar{n}_1)\bar{C}_1} & \dfrac{-i\omega}{4\pi Dr\bar{C}_1}\\ \dfrac{-i\omega}{4\pi Dr\bar{C}_2} & \dfrac{k_f\bar{C}_2+k_r-i\omega(1+\Sigma_2)}{k_f(1-\bar{n}_2)\bar{C}_2}\end{bmatrix}^{-1}}_{\text{频率依赖性}}\begin{bmatrix}\delta\tilde{F}_1\\ \delta\tilde{F}_2\end{bmatrix} \tag{3.109}$$

其中,$\boldsymbol{A}(\omega)$ 是式(3.87)中提到过的广义敏感性的矩阵形式。因此,和式(3.85)~式(3.93)介绍的方法类似,首次获得分式占用的功率谱密度。然后,基于这一功率谱密度,对于一段平均时间 τ,所估计的浓度的方差 $\langle[\delta(C_1-C_2)]^2\rangle$ 可以引出如下(对于推导的细节,详见参考文献[13]):

$$\langle[\delta(C_1-C_2)]^2\rangle=\frac{2\bar{C}_1}{k_f(1-\bar{n}_1)\tau}+\frac{2\bar{C}_2}{k_f(1-\bar{n}_2)\tau}+\frac{\bar{C}_1+\bar{C}_2}{\pi D\tau}\left(\frac{1}{s}-\frac{1}{2r}\right) \tag{3.110}$$

假定 $\bar{C}_1=\bar{C}_2=\bar{C}_0$,$\bar{n}_1=\bar{n}_2=n$,$\langle[\delta(C_1-C_2)]^2\rangle$ 可以简化为

$$\langle[\delta(C_1-C_2)]^2\rangle=\frac{4C_0}{k_f(1-n)\tau}+\frac{2C_0}{\pi D\tau}\left(\frac{1}{s}-\frac{1}{2r}\right) \tag{3.111}$$

除了两个受体的情况,现在假定 RN 在两极配备有两个由 m 个受体组成的环。在这种情况下,$\langle[\delta(C_1-C_2)]^2\rangle$ 可以引入为

$$\langle[\delta(C_1-C_2)]^2\rangle=\frac{2\bar{C}_1}{mk_f(1-\bar{n}_1)\tau}+\frac{2\bar{C}_2}{mk_f(1-\bar{n}_2)\tau}+\frac{\bar{C}_1+\bar{C}_2}{m\pi D\tau}\left(\frac{1}{s}+\frac{\Phi}{2}-\frac{1}{2r}\right) \tag{3.112}$$

其中,$\Phi=\sum_{j\neq 1}^{m}1/|\boldsymbol{x}_l-\boldsymbol{x}_j|$。在下面的小节中,对基因调控网络中的 PMC 进行了讨论。

3.1.7　基因调控网络中的 PMC

生物体内重要功能所需的信息被编码在其 DNA 链上。通过基因表达现象,信息被从 DNA 上提取出来去合成许多重要功能的蛋白质,如结构支撑、物

理驱动(即马达蛋白)和新陈代谢。在信息从 DNA 流向蛋白质的过程中,DNA 上的基因首先被转录成 mRNA,它是由核糖体转换成能够嵌入功能蛋白内的氨基酸序列。尽管蛋白质的产生是一个明显的过程,在DNA产生的蛋白质的条件下,这一过程并不那么明显。例如,在多细胞生物体中,所有的细胞具有相同的基因组 DNA。然而,基因表达产生不同的蛋白质以满足许多特定的功能和形成不同的组织[14]。蛋白质的表达是由通常称为基因调节的细胞过程控制。因此,DNA 和它的调控机制使得产生大量细胞状态成为可能,因此基因调控网络能够使细胞动态地协调它们基因表达谱来对内部和外部的条件变化做出反应[14]。

基因调控过程中最重要的组件是称为转录因子(TFs)的调控蛋白。TFs 通过结合或者脱离特定的短 DNA 序列(即基因位点)来控制基因的表达。TFs 可作为增加基因表达概率的活化剂,或者作为降低基因表达概率的抑制剂。基因的表达可以在各级调控,且包括非常复杂的机制。例如,将 TFs 的浓度映射到所调节基因的表达水平的调控功能是非线性的。此外,包含正或负反馈环路的基因调控网络会导致更为复杂的行为。下面,首先讨论单一的调控元件,而不是整个的基因调控网络。然后,对其一些扩展进行介绍。

令 $C(t)$ 是细胞中转录因子的浓度。转录因子与单一的结合位点结合。然后,$n(t)$ 表示结合位点的占用情况。当位点被占用时,调控的基因被转录为 mRNA。然后,它被翻译成蛋白质。令 $G(t)$ 表示合成蛋白质的数量。蛋白质具有一个平均的寿命 τ,其降解的速率是 $1/\tau$。事实上,这样的一个调控元件可以看作是一个分子通信的信道,其中 TFs 的浓度 $C(t)$ 是信道的输入,合成蛋白的浓度 $G(t)$ 是信道的输出[14]。$n(t)$ 和 $G(t)$ 的支配方程为

$$\begin{cases} \dfrac{\mathrm{d}n}{\mathrm{d}t} = k_{\mathrm{f}}C(t)(1-n) - k_{\mathrm{r}}n \\ \dfrac{\mathrm{d}G}{\mathrm{d}t} = -\dfrac{1}{\tau}G(t) + Rn \end{cases} \tag{3.113}$$

其中,R 是蛋白质的产生速率,$1/\tau$ 是蛋白质的降解速率。应注意到,式(3.113)是配体-受体结合机制的支配方程,并且在式(3.60)中已经介绍过。假定式(3.113)中的第一个方程达到平衡状态的速度明显快于蛋白质的寿命 τ。然后,平均的占用情况可以如下给出:

$$\bar{n}(t) = \frac{C(t)}{C(t) + K_{\mathrm{D}}} \tag{3.114}$$

将 $\bar{n}(t)$ 代入到式(3.113)中，可以得到

$$\frac{\mathrm{d}G}{\mathrm{d}t}=-\frac{1}{\tau}G(t)+R\frac{C(t)}{C(t)+K_{\mathrm{D}}} \tag{3.115}$$

其中，$K_{\mathrm{D}}=k_{\mathrm{r}}/k_{\mathrm{f}}$ 是平衡解离常数，并且注意到式(3.114)在式(3.61)中已经给出过。对于一个固定的 C，稳态的蛋白质浓度 $\bar{G}$ 是 $\bar{G}=R\tau\bar{n}$。有效的蛋白质产生速率是 $R\bar{n}$[14]。通过下面的热力学模型，可以导出式(3.114)给出的结合位点平均占用率。在结合位点被占用的情况下，存在一个结合能 E 来代表占用状态，相对的空闲状态的参考能量为 0。然而，在占用之前，需要从溶液中去除一个 TF 分子。从溶液中去除一个 TF 分子的自由能消耗是 $\mu=k_{\mathrm{B}}T\log_2 C$，其中 C 是一些无量纲的单位表示的测量 TF 浓度。在统计物理学中，系统的每个平衡属性都是利用分解求和(又称分配函数)进行计算：

$$Z=\sum_i \mathrm{e}^{-\beta(E_i-\mu a_i)} \tag{3.116}$$

其中，求和是针对系统所有可能的状态；E_i 是系统处于状态 i 时的能量；a_i 是系统处于状态 i 的分子的数目；$\beta=1/(k_{\mathrm{B}}T)$，$k_{\mathrm{B}}$ 是玻耳兹曼常数；T 是温度。对于单个结合位点的情况，分解求和是针对空闲状态($n=0$)和占用状态($n=1$)，并且可以写成

$$Z=\mathrm{e}^{-\beta(E-\mu)}+1 \tag{3.117}$$

基于这一分解求和，结合位点被占用(即 $n=1$)的概率变为①

$$\Pr(n=1)=\frac{1}{Z}\mathrm{e}^{-\beta(E-\mu)} \tag{3.118}$$

通过将 μ 代入到式(3.118)中，$P(n=1)$ 可以表示为

$$\Pr(n=1)=\frac{C}{C+\mathrm{e}^{\beta E}} \tag{3.119}$$

平均占用 $\bar{n}$ 可以计算为

$$\bar{n}=1\times\Pr(n=1)+0\times\Pr(n=0)=\Pr(n=1) \tag{3.120}$$

因此，通过比较式(3.114)和式(3.119)，容易推断出

$$K_{\mathrm{D}}=\mathrm{e}^{\beta E}=\frac{k_{\mathrm{r}}}{k_{\mathrm{f}}} \tag{3.121}$$

所以，这一结果揭示了统计力学和动力学方法之间的联系。

---

① 这是统计物理学中的一个著名结果。对于更多的信息，详见参考文献[15]。

至此,我们只是考虑了单个结合位点的非常简单的情况。对于多个结合位点的更为复杂的情况以及它们之间可能的结合也是可以研究的。例如,假定存在两个结合位点组成4种可能的占用状态,即00、01、10、11。假定系统具备协同性:如果两个结合位点被占用,会存在一个额外的能量 ε,贡献到状态11的总的能量。此外,如果基因的启动有多个内部状态,当基因被转录时,需要确定哪一个状态是“激活”状态。假定“11”是激活状态。然后,按照上面给出的类似的方法,处于激活状态的概率[14]为

$$\Pr(11)=\frac{\mathrm{e}^{-2E-\varepsilon+2\mu}}{\mathrm{e}^{-2E-\varepsilon+2\mu}+2\mathrm{e}^{-E+\mu}+1} \tag{3.122}$$

其中,$\beta=1$。对于 $\varepsilon\ll\mu-E$,式(3.122)中分母的中间项可以省略,因此,通过代入 μ,式(3.122)可简化为

$$\Pr(11)=\frac{C^2}{C^2+K_{\mathrm{D}}^2} \tag{3.123}$$

其中,$K_{\mathrm{D}}=\exp[\beta(E+\varepsilon/2)]$。这一方法可以扩展到多于两个结合位点的情况,即

$$\bar{n}(C)=\frac{C^h}{C^h+K_{\mathrm{D}}^h} \tag{3.124}$$

在式(3.124)中,由于解离常数 K_{D} 具有摩尔单位,它可以被看作是该基因的启动子处于半激活状态时的浓度。h 被称为协同系数或希尔系数,并且经常被解释为“结合位点的数目”。注意到,在一些情况下,这一解释可能并不正确。例如,除了被输入 C 激活外,如果基因 G 激活了其自己的转录,将 h 解释为结合位点的数目是不正确的。

除了多个结合位点的情形,多个转录因子 TFs 的情况也是可以研究的。在这些情况下,需要指定多个转录因子如何一起行动,也就是它们的“调控逻辑”。我们假定一个基因G由两个TFs调控,分别称为TF A和TF B。如果G由 TF A 激活并由 TF B 抑制,启动子的占用可以写作

$$\bar{n}(C_{\mathrm{A}},C_{\mathrm{B}})=\frac{C_{\mathrm{A}}^{h_{\mathrm{A}}}}{C_{\mathrm{A}}^{h_{\mathrm{A}}}+K_{\mathrm{A}}^{h_{\mathrm{A}}}}\left[1-\frac{C_{\mathrm{B}}^{h_{\mathrm{B}}}}{C_{\mathrm{B}}^{h_{\mathrm{B}}}+K_{\mathrm{B}}^{h_{\mathrm{B}}}}\right] \tag{3.125}$$

其中,C_{A} 和 C_{B} 分别是 TF A 和 TF B的浓度。TF A 的分子以解离常数 K_{A} 的速度结合到 h_{A} 的结合位点,TF B的分子以解离常数 K_{B} 的速度结合到 h_{B} 的结合位点。由于当A与受体结合同时B不与受体结合时,基因G是激活的,这一

调控是类“与”型的。除此之外，A 和 B 的行动也可能是相加的(类“或”型)。在这种情况下，$\bar{n}(C_A, C_B)$ 为

$$\bar{n}(C_A, C_B) = \zeta \frac{C_A^{h_A}}{C_A^{h_A} + K_A^{h_A}} + (1-\zeta)\left[1 - \frac{C_B^{h_B}}{C_B^{h_B} + K_B^{h_B}}\right] \tag{3.126}$$

其中，ζ 是[0,1]之间的数，来平衡 A 和 B 在基因 G 表达中的影响。除了式(3.125)和式(3.126)中分别对应的乘法和加法模型，也可以推导出更为复杂的方案。注意到，热力学方法也可以用于这些模型。对于这些方法，详见参考文献[14]。在下面的部分中，介绍了使用表面受体的 PMC 调制技术。

3.1.8　通过表面受体的 PMC 调制技术

RN 上的每个受体在空闲状态和占用状态两个状态之间独立地切换。我们分别用 0 和 1 定义空闲和占用状态。每一个受体可以利用下面的伯努利随机变量 r 表征为[16]

$$r = \begin{cases} 1 & (\text{概率为 } \bar{n}) \\ 0 & (\text{概率为}(1-\bar{n})) \end{cases} \tag{3.127}$$

其中，$\bar{n}$ 是受体被占用的概率，并且可以如下给出：

$$\bar{n} = \frac{C}{C + K_D} \tag{3.128}$$

其中，C 是 RN 周围分子的平均浓度；$K_D = k_r/k_f$ 是平衡解离常数。$\bar{n}$ 在式(3.61)中已经介绍过。假定受体状态的变化(即空闲和占用状态之间的变化)是独立的，结合受体的数目 Z 可以如下给出：

$$Z = \sum_{i=1}^{R_T} r_i \tag{3.129}$$

其中，R_T 是 RN 表面受体的总数。Z 是 R_T 的总和，等同于伯努利随机变量(即 $r \sim \text{Bernoulli}(1, \bar{n})$)，因此，占用受体的数目可以表征为一个二项式随机变量 $Z \sim \mathscr{B}(R_T, \bar{n})$，其概率分布为

$$\Lambda(k; R_T, \bar{n}) = \binom{R_T}{k} \bar{n}^k (1-\bar{n})^{R_T - k} \tag{3.130}$$

假定 R_T 是一个足够大的值(例如，在一个典型的细胞中，$R_T \approx 80\ 000$)，$\mathscr{B}(R_T, \bar{n})$ 可以被近似为一个正态分布：

$$Z \sim \mathscr{N}(R_T\bar{n}, R_T\bar{n}(1-\bar{n})) \tag{3.131}$$

假定TN可以在RN周围产生两种不同的分子浓度水平（即C_1和C_2）。如式(3.128)中定义的，这些浓度造成了两种不同的占用概率，即$\bar{n}_1$和$\bar{n}_2$。因此，RN收到的分子的数目可以表征为两种不同的正态随机变量，即$Z_1 \sim \mathcal{N}(R_T\bar{n}_1, R_T\bar{n}_1(1-\bar{n}_1))$和$Z_2 \sim \mathcal{N}(R_T\bar{n}_2, R_T\bar{n}_2(1-\bar{n}_2))$。类似于2.6.4节中介绍过的二进制MC方案，利用适当的浓度检测阈值定义两个比特位作为随机变量Z_1和Z_2，可以开发出二进制MC方案。

事实上，除了利用发射分子的浓度水平，可能会有一些其他的方式来编码信息。例如，可以利用TN产生的浓度梯度方向来编码信息。在自然界中，大多数的微生物（如细菌）具有通过表面受体接收扩散的食物分子来感知食物方向的能力。例如，通过趋化作用的现象，一些细胞、细菌和单细胞或多细胞生物体根据环境中的特定化学物质（如食物分子）来指导它们的运动。因此，TN产生的浓度梯度的方向可以用于编码想传递到RN的信息，正如参考文献[17]中介绍的真核细胞趋化作用。

假定RN是直径为L的圆形（像个盘子），其表面被分成n个扇形，分别由角度$\theta_i (i \in \{1, \cdots, n\})$定义。令$\boldsymbol{Y}$是一个$n$维的向量，$\boldsymbol{Y}=[y_1, \cdots, y_n]^T$，其中，$y_i$是第$i$个扇形的结合部分。$y_i$通过扇区$i$内结合受体占总受体数目的比例来获得。假定TN产生了如下一个指数梯度的分子①：

$$C(x) = C_0 e^{\frac{p}{L}x} \tag{3.132}$$

其中，C_0是背景浓度，p是梯度陡度。然后，在扇区θ_i附近的分子浓度C_i可以表示为

$$C_i = C_0 e^{-p\cos(\theta_i - \theta_s)/2} \quad (i \in \{1, \cdots, n\}) \tag{3.133}$$

其中，θ_s是梯度的方向（图3.9）。假定扇区是如此小以至于扇区i内所有的受体在它们附近感知相同的浓度水平$C_i \in \{1, \cdots, n\}$。令r_k是伯努利随机变量，即$r_k \sim B(1, \bar{n}_i)$，来定义扇区i内受体k的状态，其中$\bar{n}_i$为

$$\bar{n}_i = \frac{C_i}{C_i + K_D} \tag{3.134}$$

注意到在式(3.128)中，基于RN上每个受体感知相同的浓度C的假设，这一表达式已经介绍过了。利用r_k，扇区i内的结合部分y_i为

① 这一指数梯度是通过参考文献[17]中的微流体装置产生的。

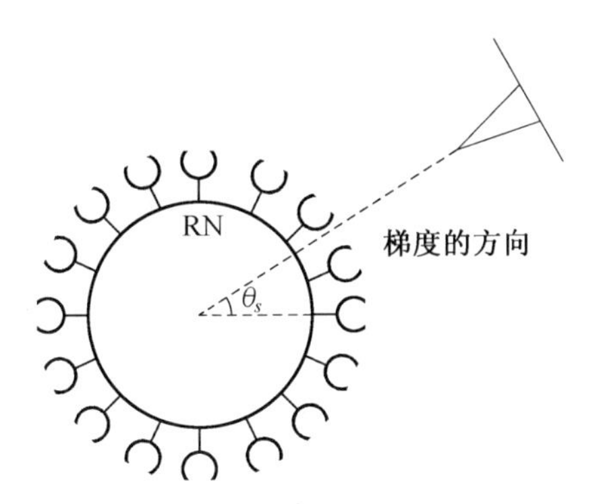

图 3.9　一定浓度梯度的信使分子以角度 θ_s 到达 RN

$$y_i = \frac{1}{N_i}\sum_{k=1}^{N_i} r_k \tag{3.135}$$

其中，N_i 是扇区 i 内受体的数目。给定的梯度方向是 θ_s，扇区 i 内的结合部分 y_i 的条件概率分布是正态分布[17]，均值为

$$\mu_i(\theta_s) = \bar{n}_i = \frac{C_i}{C_i + K_\mathrm{D}} \tag{3.136}$$

方差为

$$\sigma_i^2(\theta_s) = \frac{\bar{n}_i(1-\bar{n}_i)}{N_i} = \frac{C_i K_\mathrm{D}}{N_i(C_i + K_\mathrm{D})^2} \tag{3.137}$$

由于扇区是彼此独立的，结合部分 $\mathbf{Y}$ 向量的条件概率分布是下面 n 维的正态分布：

$$p(\mathbf{Y} \mid \theta_s) = \frac{1}{(\sqrt{2\pi})^n \mid K(\theta_s) \mid^{\frac{1}{2}}}\exp\left[-\frac{1}{2}(\mathbf{Y}-\mu(\theta_s))^\mathrm{T} K^{-1}(\mathbf{Y}-\mu(\theta_s))^\mathrm{T}\right] \tag{3.138}$$

其中，$\mu(\theta_s)$ 和 $K(\theta_s)$ 是均值和协方差矩阵，如下给出：

$$\mu(\theta_s) = [\mu_1, \cdots, \mu_n]^\mathrm{T}, \quad K(\theta_s) = \begin{bmatrix} \sigma_1^2 & 0 & \cdots & 0 \\ 0 & \sigma_2^2 & \cdots & 0 \\ \vdots & \vdots & & \vdots \\ 0 & 0 & \cdots & \sigma_n^2 \end{bmatrix} \tag{3.139}$$

通过贝叶斯定理，$p(\mathbf{Y},\theta_s)$ 和 $p(\mathbf{Y})$ 可以获得如下：

$$p(\mathbf{Y},\theta_s) = p(\mathbf{Y} \mid \theta_s)p(\theta_s) \tag{3.140}$$

$$p(\mathbf{Y}) = \int p(\mathbf{Y} \mid \theta_s)p(\theta_s)\mathrm{d}\theta_s \tag{3.141}$$

假定 θ_s 是均匀分布的,这意味着 $p(\theta)=1/2\pi$,条件熵 $H(\mathbf{Y}\mid\theta_s)$ 可以导出如下:

$$H(\mathbf{Y}\mid\theta_s)=-\iint p(\mathbf{Y},\theta_s)\log_2 p(\mathbf{Y}\mid\theta_s)\mathrm{d}\mathbf{Y}\mathrm{d}\theta_s \tag{3.142}$$

$$=\int p(\theta_s)[-\int p(\mathbf{Y}\mid\theta_s)\log_2 p(\mathbf{Y}\mid\theta_s)\mathrm{d}\mathbf{Y}]\mathrm{d}\theta_s \tag{3.143}$$

$$=\int p(\theta_s)\left[\frac{1}{2}\log_2[(2\pi\mathrm{e})^n\mid K(\theta_s)\mid]\right]\mathrm{d}\theta_s \tag{3.144}$$

$$=\frac{1}{2}\log_2(2\pi\mathrm{e})^n+\frac{1}{2\pi}\int\log_2\mid K(\theta_s)\mid^{\frac{1}{2}}\mathrm{d}\theta_s \tag{3.145}$$

$$=\frac{1}{2}\log_2(2\pi\mathrm{e})^n+\frac{1}{2\pi}\int\prod_{i=1}^{n}\sigma_i^2\mathrm{d}\theta_s \tag{3.146}$$

熵 $H(\mathbf{Y})$ 可以计算为

$$H(\mathbf{Y})=-\int p(\mathbf{Y})\log_2 p(\mathbf{Y})\mathrm{d}\mathbf{Y} \tag{3.147}$$

$$=-\iint p(\theta_s)p(\mathbf{Y}\mid\theta_s)\log_2[\int p(\mathbf{Y}\mid\hat{\theta}_s)p(\hat{\theta}_s)\mathrm{d}\hat{\theta}_s]\mathrm{d}\mathbf{Y}\mathrm{d}\theta_s \tag{3.148}$$

$$=-\frac{1}{2\pi}\iint p(\mathbf{Y}\theta_s)\log_2 f(\mathbf{Y})\mathrm{d}\mathbf{Y}\mathrm{d}\theta_s+\log_2(2\pi) \tag{3.149}$$

其中,$f(\mathbf{Y})$ 为

$$f(\mathbf{Y})=\int p(\mathbf{Y}\mid\theta_s)\mathrm{d}\theta_s \tag{3.150}$$

$$=\int\frac{1}{(\sqrt{2\pi})^n\prod_{i=1}^{n}\sigma_i(\theta_s)}\prod_{i=1}^{n}\exp\left[-\frac{[y_i-\mu_i(\theta_s)]^2}{2\sigma_i^2(\theta_s)}\right]\mathrm{d}\theta_s \tag{3.151}$$

假定梯度陡度 p 是远小于 1 的,$\mu_i(\theta_s)$ 可以重写成 p 的乘幂的形式:

$$\mu_i(\theta_s)=\frac{C_0\mathrm{e}^{-p\cos(\theta_i-\theta_s)/2}}{C_0\mathrm{e}^{-p\cos(\theta_i-\theta_s)/2}+K_{\mathrm{D}}} \tag{3.152}$$

$$=\frac{C_0}{C_0+K_{\mathrm{D}}}-\frac{C_0K_{\mathrm{D}}}{2(C_0+K_{\mathrm{D}})^2}\cos(\theta_i-\theta_s)p- \tag{3.153}$$

$$\frac{C_0K_{\mathrm{D}}(C_0-K_{\mathrm{D}})}{8(C_0+K_{\mathrm{D}})^3}[\cos(\theta_i-\theta_s)p]^2+o(p^3) \tag{3.154}$$

由于 $N_i\gg 1$ 和 $p\ll 1$,式(3.137) 中方差 $\sigma_i^2(\theta_s)$ 假定是独立于 θ_s 的,即 $\sigma_i^2(\theta_s)\approx\sigma_i^2$。这一近似将式(3.150) 修改为

$$f(Y)=\frac{1}{(\sqrt{2\pi})^n\prod_{i=1}^{n}\sigma_i}\int\prod_{i=1}^{n}\exp\left[-\frac{[y_i-\mu_i(\theta_s)]^2}{2\sigma_i^2}\right]\mathrm{d}\theta_s \tag{3.155}$$

其中，$[y_i-\mu_i(\theta_s)]^2$ 可以扩展为 p 的乘幂如下：

$$[y_i-\mu_i(\theta_s)]^2=A_i^2+A_iB\cos(\theta_i-\theta_s)p+\frac{B}{4}[A_ib+B]\times[\cos(\theta_i-\theta_s)p]^2+o(p^3) \tag{3.156}$$

其中

$$A_i=y_i-\frac{C_0}{C_0+K_\mathrm{D}},\quad B=\frac{C_0K_\mathrm{D}}{(C_0+K_\mathrm{D})^2},\quad b=\frac{C_0-K_\mathrm{D}}{C_0+K_\mathrm{D}} \tag{3.157}$$

基于这一结果，式(3.155)中 $\prod_{i=1}^{n}\exp\left[-\frac{[y_i-\mu_i(\theta_s)]^2}{2\sigma_i^2}\right]$ 也可以扩展成如下 p 的乘幂形式：

$$\begin{aligned}\prod_{i=1}^{n}\exp\left[-\frac{[y_i-\mu_i(\theta_s)]^2}{2\sigma_i^2}\right]=&\left(\prod_{i=1}^{n}\exp\left[-\frac{A_i^2}{2\sigma_i^2}\right]\right)\times\Bigg(1-\sum_{i=1}^{n}\frac{A_i^2}{2\sigma_i^2}\cos(\theta_i-\theta_s)p+\\&\frac{1}{8}\sum_{i=1}^{n}\left[\frac{A_i^2B^2}{\sigma_i^4}-\frac{B(B+A_ib)}{\sigma_i^2}\right][\cos(\theta_i-\theta_s)p]^2+\\&\frac{1}{8}\sum_{i\neq j}\frac{A_iA_jB^2}{\sigma_i^2\sigma_j^2}\cos(\theta_i-\theta_s)\cos(\theta_j-\theta_s)p^2+o(p^3)\Bigg)\end{aligned} \tag{3.158}$$

通过将式(3.158)代入到式(3.155)并整合，$f(\boldsymbol{Y})$ 可以获得为

$$\begin{aligned}f(\boldsymbol{Y})=&\frac{\prod_{i=1}^{n}\exp\left(-\frac{A_i^2}{2\sigma_i^2}\right)}{(\sqrt{2\pi})^n\prod_{i=1}^{n}\sigma_i}\Bigg\{2\pi-0+\frac{\pi}{8}p^2\left[\sum_{i=1}^{n}\left(\frac{A_i^2B^2}{\sigma_i^4}-\frac{B(B+A_ib)}{\sigma_i^2}\right)+\right.\\&\left.\sum_{i\neq j}\frac{A_iA_jB^2}{\sigma_i^2\sigma_j^2}\cos(\theta_i-\theta_j)\right]+o(p^3)\Bigg\}\end{aligned} \tag{3.159}$$

$f(\boldsymbol{Y})$ 的对数为

$$\begin{aligned}\log_2 f(\boldsymbol{Y})=&\log_2 2\pi-\frac{1}{2}\log_2(2\pi)^n-\frac{1}{2}\log_2\prod_{i=1}^{n}\sigma_i^2-\sum_{i=1}^{n}\frac{A_i^2}{2\sigma_i^2}+\\&\left[\sum_{i=1}^{n}\left(\frac{A_i^2B^2}{\sigma_i^2}-\frac{B(B+A_ib)}{\sigma_i^2}\right)+\right.\\&\left.\sum_{i\neq j}\frac{A_iA_jB^2}{\sigma_i^2\sigma_j^2}\cos(\theta_i-\theta_j)\right]\frac{p^2}{16}+o(p^3)\end{aligned} \tag{3.160}$$

正如式(3.147)中介绍的,为了获得 $f(\mathbf{Y})$ 的期望值 $H(\mathbf{Y})$,即

$$\langle \log_2 f(\mathbf{Y}) \rangle = \int p(\mathbf{Y} \mid \theta_s) \log_2 f(\mathbf{Y}) \mathrm{d}\mathbf{Y} \tag{3.161}$$

需要推导为如下形式:

$$\begin{aligned}\langle \log_2 f(\mathbf{Y}) \rangle = & \log_2(2\pi) - \frac{1}{2}\log_2(2\pi)^n - \frac{1}{2}\log_2 \prod_{i=1}^{n} \sigma_i^2 - \sum_{i=1}^{n} \frac{\langle A_i^2 \rangle}{2\sigma_i^2} + \\ & \left[\sum_{i=1}^{n} \left(\frac{B^2 \langle A_i^2 \rangle}{\sigma_i^4} - \frac{Bb\langle A_i \rangle}{\sigma_i^2} - \frac{B^2}{\sigma_i^2} \right) + \right. \\ & \left. \sum_{i \neq j} \frac{B^2 \langle A_i A_j \rangle}{\sigma_i^2 \sigma_j^2} \cos(\theta_i - \theta_j) \right] \frac{p^2}{16} + o(p^3)\end{aligned} \tag{3.162}$$

其中,$\langle A_i \rangle$、$\langle A_i^2 \rangle$ 和 $\langle A_i A_j \rangle$ 为

$$\begin{aligned}\langle A_i \rangle &= \left\langle y_i - \frac{C_0}{C_0 + K_{\mathrm{D}}} \right\rangle = \mu_i - \frac{C_0}{C_0 + K_{\mathrm{D}}} \\ &= -\frac{B}{2}\cos(\theta_i - \theta_s) p - b\,\frac{B}{2}[\cos(\theta_i - \theta_s) p]^2\end{aligned} \tag{3.163}$$

$$\langle A_i^2 \rangle = \sigma_i^2 + \frac{B^2}{4}[\cos(\theta_i - \theta_s) p]^2 + o(p^3) \tag{3.164}$$

$$\langle A_i A_j \rangle = \frac{B^2}{4}\cos(\theta_i - \theta_s)\cos(\theta_j - \theta_s) p^2 + o(p^3) \tag{3.165}$$

然后,$\langle \log_2 f(\mathbf{Y}) \rangle$ 简化为

$$\begin{aligned}\langle \log_2 f(\mathbf{Y}) \rangle = & \log_2 2\pi - \frac{1}{2}\log_2(2\pi \mathrm{e})^n - \frac{1}{2}\log_2 \prod_{i=1}^{n} \sigma_i^2 - \\ & \frac{B^2 p^2}{8} \sum_{i=1}^{n} \frac{\cos^2(\theta_i - \theta_s)}{\sigma_i^2} + o(p^3)\end{aligned} \tag{3.166}$$

正如式(3.147)中介绍的,通过对 $\langle \log_2 f(\mathbf{Y}) \rangle$ 关于 θ_s 积分,可以引入 $H(\mathbf{Y})$ 的估计为

$$\begin{aligned}H(\mathbf{Y}) = & \frac{1}{2}\log_2(2\pi \mathrm{e})^n + \frac{1}{2\pi}\int \frac{1}{2}\log_2 \prod_{i=1}^{n} \sigma_i^2 \mathrm{d}\theta_s + \\ & \frac{B^2 p^2}{16} \sum_{i=1}^{n} \frac{1}{\sigma_i^2} + o(p^3)\end{aligned} \tag{3.167}$$

然后,利用式(3.142)中的 $H(\mathbf{Y} \mid \theta_s)$ 和式(3.167)中的 $H(\mathbf{Y})$,互信息 $I(\mathbf{Y};\theta_s)$ 可以写作

$$I(\mathbf{Y};\theta_s) = H(\mathbf{Y}) - H(\mathbf{Y} \mid \theta_s) = \frac{B^2 p^2}{16} \sum_{i=1}^{n} \frac{1}{\sigma_i^2} + o(p^3)$$

$$=\frac{(K_{\mathrm{D}}C_0 p)^2}{16(C_0+K_{\mathrm{D}})^4}\sum_{i=1}^{n}\frac{1}{\sigma_i^2}+o(p^3) \tag{3.168}$$

假定 RN 上每个扇区具有相同数目的受体，σ_i^2 独立于 θ_s（正如之前假定的），式(3.137) 中的方差 σ_i^2 可以近似为

$$\sigma_i^2 \approx \frac{nK_{\mathrm{D}}C_0}{N(C_0+K_{\mathrm{D}})^2} \tag{3.169}$$

其中，N 是 RN 上受体的总数。基于这一近似，$I(\boldsymbol{Y};\theta_s)$ 简化为

$$I(\boldsymbol{Y};\theta_s) \approx \frac{NK_{\mathrm{D}}C_0 p^2}{16\ln(2)(C_0+K_{\mathrm{D}})^2}+o(p^3) \tag{3.170}$$

$I(\boldsymbol{Y};\theta_s)$ 反映了通过 TN 产生的分子梯度方向角进行信息编码情况下，TN 和 RN 之间的分子通信速率。类似的分析可以应用于线性梯度的情况，其中每个扇区附近的分子浓度为

$$C_i = C_0 + R\,\nabla C\cos(\theta_i-\theta_s) \tag{3.171}$$

其中，假定 $R\,\nabla C$ 为一个常量。然后，对于这样一个梯度，互信息 $I(\boldsymbol{Y};\theta_s)$ 为[17]

$$I(\boldsymbol{Y};\theta_s) \approx \frac{NK_{\mathrm{D}}}{4\ln(2)C_0}\left[\frac{R\,\nabla C}{C_0+K_{\mathrm{D}}}\right]^2+o\left(\left[\frac{R\,\nabla C}{C_0+K_{\mathrm{D}}}\right]^3\right) \tag{3.172}$$

3.1.9 PMC 梯度方向估计

在前面的部分中，由 TN 产生的浓度梯度的方向被用于对传输到 RN 的信息进行编码。对于 TN 和 RN 之间的分子通信，式(3.170) 和式(3.172) 的互信息表达式已经推导。然而，这种分子通信也需要 RN 来估计梯度方向来了解哪个符号是 TN 传输的。本节介绍一种梯度方向估计的方案。

假设 RN 是直径为 L 的圆形，$R_{\mathrm{T}}=N$ 个受体均匀地分布在 RN 的表面上。受体的角坐标用 θ_i 表示（$i=1,\cdots,N$）。由于受体的均匀分布，$P(\theta_i)=1/2\pi$。假设 TN 在 RN 上产生一个指数梯度分布，那么 RN 上第 i 个受体的局部浓度为

$$C_i = C_0\,\mathrm{e}^{\frac{P}{2}\cos(\theta_i-\theta_s)} \tag{3.173}$$

其中，C_0 是本底浓度；p 是梯度陡度，它量化了 RN 整个直径上浓度变化的百分比；θ_s 是梯度方向。这些参数在之前都已经定义过。由于每个 RN 上的受体 i 在两个状态之间独立地切换，正如式(3.127) 中所定义的，它可以表征为

如下的随机变量 r_i 的形式[16]：

$$r_i=\begin{cases}1 & (\text{占用概率 } \bar{n}_i) \\ 0 & (\text{占用概率}(1-\bar{n}_i))\end{cases} \tag{3.174}$$

其中，$\bar{n}_i$ 是占用概率，并可以表示如下：

$$\bar{n}_i=\frac{C_i}{C_i+K_{\mathrm{D}}} \tag{3.175}$$

其中，K_{D} 是平衡解离常数，$K_{\mathrm{D}}=k_{\mathrm{r}}/k_{\mathrm{f}}$。$\bar{n}$ 在式(3.61)中已经介绍过。对于随机变量 r_i，其概率质量分布可以表示为

$$f_i(r_i \mid \Theta)=\bar{n}_i^{r_i}(1-\bar{n}_i)^{1-r_i} \quad (r_i \in \{0,1\}) \tag{3.176}$$

其中，$\Theta \equiv (p,\theta_s)$ 表示待估计的参数。一个含有 N 个独立受体的样本的似然函数为

$$\mathscr{L}(\Theta \mid r_1,\cdots,r_N)=f(r_1,\cdots,r_N \mid \Theta)=\prod_{i=1}^{N} f_i(r_i \mid \Theta) \tag{3.177}$$

且其对数似然函数可表示为

$$\begin{aligned}\ln \mathscr{L} &= \sum_i \left[r_i \ln \frac{C_i}{C_i+K_{\mathrm{D}}}+(1-r_i)\ln \frac{K_{\mathrm{D}}}{C_i+K_{\mathrm{D}}}\right] \\ &= \sum_i r_i \ln \frac{C_i}{K_{\mathrm{D}}}+\sum_i \ln \frac{K_{\mathrm{D}}}{C_i+K_{\mathrm{D}}} \\ &= \frac{1}{2}\sum_i r_i p\cos(\theta_i-\theta_s)+\ln \frac{C_0}{K_{\mathrm{D}}}\sum_i r_i + \\ &\quad \int_0^{2\pi} \frac{N}{2\pi}\ln\left[\frac{K_{\mathrm{D}}}{C_0\exp\left[\frac{p}{2}\cos(\theta-\theta_s)\right]+K_{\mathrm{D}}}\right]\mathrm{d}\theta \\ &= \frac{p\cos\theta_s}{2}\sum_i r_i\cos\theta_i+\frac{p\cos\theta_s}{2}\sum_i r_i\sin\theta_i + \\ &\quad \ln\frac{C_0}{K_{\mathrm{D}}}\sum_i r_i-\frac{NC_0K_{\mathrm{D}}p^2}{16(C_0+K_{\mathrm{D}})^2}+o(p^4)\end{aligned} \tag{3.178}$$

我们引入下面的转换：

$$\Theta_\alpha=(\alpha_1,\alpha_2)^{\mathrm{T}} \equiv (p\cos\theta_s,p\sin\theta_s)^{\mathrm{T}} \tag{3.179}$$

$$(z_1,z_2)\equiv\left(\sum_i r_i\cos\theta_i,\sum_i r_i\sin\theta_i\right) \tag{3.180}$$

式(3.179)产生了 $p^2=\alpha_1^2+\alpha_2^2$，对于梯度较小的情况，对数似然函数可以近似为

$$\ln \mathscr{L} \approx \frac{\alpha_1 z_1 + \alpha_2 z_2}{2} + \ln \frac{C_0}{K_D} \sum_i r_i - \frac{N C_0 K_D (\alpha_1^2 + \alpha_2^2)}{16 (C_0 + K_D)^2} \tag{3.181}$$

最大似然化的方法能够通过求解一个使 $\mathscr{L}(\Theta_\alpha \mid r_1, \cdots, r_N)$ 最大化的 Θ_α 值来实现对未知参数的估计：

$$\hat{\Theta}_{\alpha,\mathrm{mle}} = \arg \max_{\Theta_\alpha} \mathscr{L}(\Theta_\alpha \mid r_1, \cdots, r_N) \tag{3.182}$$

其中，下标"mle"表示最大似然估计。由于对数是一个连续且严格递增的函数，最大似然化也使得它的对数最大化。因此，最大似然估计可以通过求解下式获得：

$$\frac{\partial \ln \mathscr{L}}{\partial \alpha_1} = 0, \quad \frac{\partial \ln \mathscr{L}}{\partial \alpha_2} = 0 \tag{3.183}$$

它的解（即 Θ_α 的最大似然估计）可以如下获得[18]：

$$\hat{\Theta}_{\alpha,\mathrm{mle}} = \begin{bmatrix} \hat{\alpha}_1 \\ \hat{\alpha}_2 \end{bmatrix} = \frac{1}{\mu} \begin{bmatrix} z_1 \\ z_2 \end{bmatrix}, \quad \mu = \frac{N C_0 K_D}{4 (C_0 + K_D)^2} \tag{3.184}$$

随着采样 N 趋于无限，$\hat{\alpha}_1$ 和 $\hat{\alpha}_2$ 是渐进无偏的，并且随着样本数 N 趋近于无穷服从正态分布，即 $\hat{\alpha}_1 \xrightarrow{d} \mathcal{N}(\alpha_1, \sigma_1^2)$，$\hat{\alpha}_2 \xrightarrow{d} \mathcal{N}(\alpha_2, \sigma_2^2)$，其中 $\xrightarrow{d}$ 表示分布收敛[18]。接下来，对简单基因调控网络中的 PMC 速率进行研究。

3.1.10　基因调控网络中的 PMC 速率

在 3.1.7 节中，基因调控过程被认为是一个 PMC 信道。信道的输入是转录因子的浓度（即 $C(t)$），输出是合成蛋白质的浓度，即 $G(t)$。基于这些输入和输出，可以研究信道中的 PMC 速率。假定 C 和 G 之间的输入和输出的关系是线性的，或者是可以线性化的非线性，并且如下给出：

$$G = C + \eta \tag{3.185}$$

其中，η 是高斯噪声项，其分布如下：

$$P(\eta) = P(G \mid C) = \frac{1}{\sqrt{2\pi\sigma^2}} \exp\left[-\frac{(G-C)^2}{2\sigma^2}\right] \tag{3.186}$$

其中，σ^2 是噪声的方差，并且假定不是输入 C 的函数。假定输入 C 是服从高斯分布的随机变量，其分布形式如下：

$$P(C) = \frac{1}{\sqrt{2\pi\sigma_C^2}} \exp\left[-\frac{(C-\bar{C})^2}{2\sigma_C^2}\right] \tag{3.187}$$

其中，$\bar{C}$ 和 σ_C^2 分别是 C 的均值和方差。因此，输出 G 的分布也是高斯的，且输

入和输出之间的互信息为

$$I(C;G)=\frac{1}{2}\log_2\left[1+\frac{\sigma_C^2}{\sigma^2}\right] \tag{3.188}$$

其中,σ_C^2/σ^2 为信号方差和噪声方差的比值,称为信噪比。

除了上面介绍的高斯方式,现在我们假定输入信号有两个水平,即 $C_{\min}$ 和 $C_{\max}$。然后,条件概率 $P(G\mid C)$ 变为 $P(G\mid C_{\min})$ 或 $P(G\mid C_{\max})$。在这种情况下,信道容量的优化简化为寻找 $P(C_{\min})$ 和 $P(C_{\max})=1-P(C_{\min})$。另外假定输入信号 $C_{\min}$ 和 $C_{\max}$ 分别映射到两个可能的输出,称为"关"和"开"。如果输入信号 $C_{\min}$ 被误解为"开",则可能发生错误,反之亦然。如果发射的是 $C_{\max}$,令 p_e 表示检测到一个"关"的概率。如果发射的是 $C_{\min}$,令 p_s 是检测到一个"开"的概率。因此,互信息 $I(G;C)$ 可以引入为[19,20]

$$I(C;G)=-\frac{-p_eH(p_s)+p_sH(p_e)}{p_e-p_s}+\log_2\left[1+2^{\frac{H(p_s)-H(p_e)}{p_e-p_s}}\right] \tag{3.189}$$

通过配体-受体结合的PMC设计的更深入的建模方法和通信理论分析可以在参考文献[21-24]中找到。

本章参考文献

[1] Lauffenburger D A, Linderman J J (1996) Receptors: models for binding, trafficking, and signaling. Oxford University Press, Oxford (on demand).

[2] Bharucha-Reid AT (1960) Elements of the theory of Markov processes and their applications. McGraw-Hill series in probability and statistics. McGraw-Hill, New York.

[3] Rhee H-K, Aris R, Amundson NR (1986) First-order partial differential equations. Prentice- Hall, Englewood Cliffs.

[4] McQuarrie DA (1963) Kinetics of small systems I. J Chem Phys 38(2): 433.

[5] Bergmann S, Sandler O, Sberro H, Shnider S, Schejter E, Shilo BZ, Barkai N (2007) Pre-steady-state decoding of the Bicoid morphogen gradient. PLoS Biol 5(2):e46.

[6] Crank J (1979) The mathematics of diffusion. Oxford University Press, Oxford.

[7] Carslaw HS, Jaeger JC (1959) Conduction of heat in solids. Oxford University Press, Oxford.

[8] Morton KW, Mayers DF, Cullen MJP (1994) Numerical solution of partial differential equations. Cambridge University Press, Cambridge.

[9] Shoup D, Szabo A (1982) Role of diffusion in ligand binding to macromolecules and cellbound receptors. Biophys J 40(1):33-39.

[10] Berg HC, Purcell EM (1977) Physics of chemoreception. Biophys J 20(2):193-219.

[11] Bialek W, Setayeshgar S (2005) Physical limits to biochemical signaling. Proc Natl Acad Sci USA 102(29):10040-10045.

[12] Kubo R (1966) The fluctuation-dissipation theorem. Rep Progress Phys 29(1):255.

[13] Endres R G, Wingreen N S (2009) Accuracy of direct gradient sensing by cell-surface receptors. Progress in Biophysics and Molecular Biology. 100(1): 33-39.

[14] Tkačik G, Walczak AM (2011) Information transmission in genetic regulatory networks: a review. J Phys Condens Matter 23(15): 153102.

[15] Chandler D (1987) Introduction to modern statistical mechanics. Oxford University Press, Oxford.

[16] Hu B, Chen W, Levine H, Rappel WJ (2011) Quantifying information transmission in eukaryotic gradient sensing and chemotactic response. J Stat Phys 142(6):1167-1186.

[17] Fuller D, Chen W, Adler M, Groisman A, Levine H, Rappel WJ, Loomis WF (2010) External and internal constraints on eukaryotic chemotaxis. Proc Natl Acad Sci 107(21):9656-9659.

[18] Hu B, Chen W, Rappel WJ, Levine H (2011) How geometry and internal bias affect the accuracy of eukaryotic gradient sensing. Phys Rev

E 83(2):021917.

[19] Silverman R (1955) On binary channels and their cascades. IRE Trans Inform Theor 1(3):19-27.

[20] Tkačik G, Callan CG Jr, BialekW(2008) Information capacity of genetic regulatory elements. Phys Rev E 78(1):011910.

[21] Pierobon M, Akyildiz IF (2011) Noise analysis in ligand-binding reception for molecular communication in nanonetworks. IEEE Trans Signal Process 59(9):4168-4182.

[22] Atakan B, Akan OB (2008) On channel capacity and error compensation in molecular communication. Transactions on computational systems biology X, vol 10. Springer, Berlin, pp 59-80.

[23] Eckford AW, Thomas PJ (2013). Capacity of a simple intercellular signal transduction channel. Proceedings of IEEE International Symposium on Information Theory (ISIT) pp 1834-1838.

[24] Einolghozati A, Sardari M, Fekri F (2011) Capacity of diffusion-based molecular communication with ligand receptors. Proceedings of IEEE information theory workshop (ITW), pp 85-89.

第4章　主动分子通信

本章介绍了分子间的主动通信(AMC),首先通过讨论活细胞中充当载体的运动蛋白的物理结构,提出一种由分子马达运载信使分子的 AMC 方案。然后,受细胞间通过间隙连接通道进行通信的启发,提出了另外一种针对相连的纳米机器通信的 AMC 方案。此外,在讨论了细菌的运动行为之后,提出一种基于细菌做信息载体的 AMC 方案。最后,基于针对接触依赖的细胞间通信,介绍了移动纳米机器的 AMC 方案。

4.1　基于分子马达的主动分子通信

被动分子通信(PMC)是基于信使分子自由扩散的。发射纳米机器(TN)发射纳米分子之后,它们被动地在媒介中自由扩散,随机地与接收纳米机器(RN)的表面以及表面分子相互作用,其中一些分子会被 RN 捕获。其实,信使分子的主动传输也是可能的。其中最典型的一种 AMC 技术是利用分子马达。在这项技术中,分子马达主动地将信使分子从 TN 传递至 RN,这个过程类似于机动式的纳米级航天飞机在纳米级和微量级的实体之间运载货物。

一种最直接的建立运动马达的方法是应用马达蛋白,是为完成细胞内传输任务的自然进化结果。马达蛋白是由三磷酸腺苷(ATP)提供能量,它高效地将化学能转化为线性动能[21]。事实上,马达蛋白在许多细胞功能上扮演了重要的角色,如肌肉收缩、细胞分离、细胞传输,沿着神经细胞轴突的物质运输和细胞内通信[2]。我们定义了 3 种主要类型的运动蛋白,即驱动蛋白、动力蛋白和肌球蛋白。驱动蛋白和动力蛋白沿着微管蛋白纤维,肌球蛋白沿着肌动蛋白纤维[28]。纤维是类似于细菌鞭毛的蛋白长链。事实上,真核细胞的基本架构由纤维蛋白组成,根据它们的大小和组成可以分成 3 类。微管是形体最大的纤维,它们的直径是 25 nm,是由微管蛋白组成。肌动蛋白纤维是最小的类型,直径仅有 6 nm,由肌动蛋白构成。中间丝大小中等,直径10 nm。不同于肌动蛋白丝和微管,中间丝包含了一系列不同的亚基蛋白。纤维是拥有

10 nm 周期序列的相对严格的结构。此外,它们是有极性的,可以为纤维来定义正负极。一个给定的马达总是朝着相同的方向运动。肌球蛋白沿着肌动蛋白纤维向其正极移动,驱动蛋白和动力蛋白沿着微管蛋白纤维向它们各自的正极和负极运动。马达蛋白主要有两个“头”,它们与一段大小类似于周期序列的纤维相互作用。注意单头马达蛋白也是可以被设计的,动力蛋白在某些情况下有 3 个头。它们还有一个几十纳米长的尾巴来连接封装货物的囊泡(如分子通信中的信使分子)。

最近,研究人员对基于分子马达系统(包括基于分子马达的 AMC 系统)建模的研究兴趣,来源于新一代试验的出现,试验中纤维(如微管)和运动蛋白可以在试管中提纯。这些试验可以分为两种,阐述如下。

(1) 第一种类型的试验是通过在微米级的 SiO_2 小球上涂上少数马达分子,然后观察小球沿着单根纤维在马达蛋白和纤维的相互作用所诱导的运动[52]。这类试验更类似于自然界细胞内通过运动蛋白的物质运输。

(2) 第二类试验包括由多个马达诱导的单纤维视觉监控,它们可以在平坦的基质上被吸收[24,27,54]。这种类型的试验通常是许多马达与单个纤维相互作用。在此类试验中,参考文献[24]是为了基于分子马达的 AMC 系统而设计的。

明显地,依据试验设定的不同,信使分子从 TN 到 RN 的运动显然不同。例如,考虑第一种类型的试验,分子马达更像是一个携带着信使分子的自我推进的装置。另一方面,如果考虑第二种类型的试验,携带信使分子的蛋白纤维沿马达蛋白滑动。在这种情况下,马达蛋白提供了信使分子的漂移速率,同时分子继续在马达蛋白上扩散。因此,为了根据试验设定给信使分子的运动建立模型,扩散速率和漂移速率需要同时考虑。由于第一个和第二个试验设定的不同,我们为基于分子马达的 AMC 系统中对应地设置两个不同的场景,称为第一情景和第二情景。接下来,将介绍这两个情景的建模方法。

4.2 第一情景的建模方法

在第一情景中,信使分子通过图 4.1 所阐述的分子马达被从 TN 运载到 RN。在这个情景中,如图 4.1 所示,4 个不同的分子被定义。它们是信使分子、接口分子、引导分子和运输分子,接下来会详细阐述[46]。

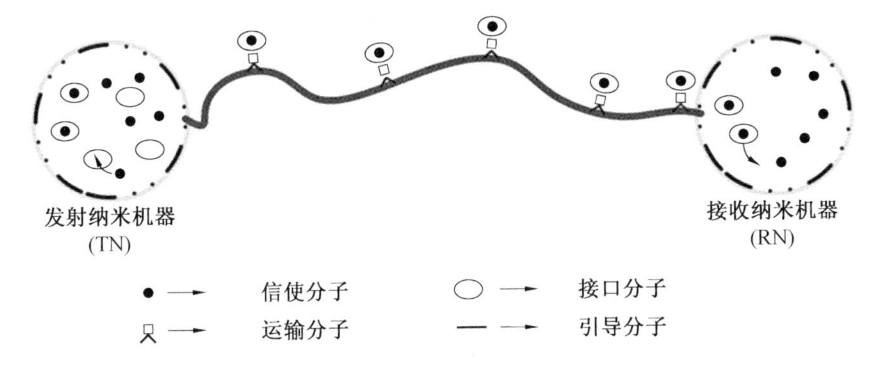

图 4.1　基于分子马达的主动分子通信的第一情景
(分子马达沿着蛋白纤维运输被囊泡封装的分子)

4.2.1　信使分子

与 PMC 类似,在 AMC 中借助分子马达,仍使用信使分子从 TN 到 RN 运载信息。因为一个分子的扩散性质取决于它的大小和结构,这些信使分子的属性直接影响 AMC 的性能。此外,由于某些环境因素(如介质中的 pH 和抑制酶),信使分子可能会被分解。因此,信使分子的化学鲁棒性和稳定性可以被认为是 AMC 的重要性能参数。这些生物信使分子的例子包括内分泌激素、局部介质(如细胞因子)、神经递质、胞内信使和 DNA/RNA 分子。它们可以综合产生特定的作用,如对预定义的靶组织进行药物传递[46]。

4.2.2　接口分子

接口分子是用来封装信使分子的,它像是在 TN、RN 及传播媒介之间的一个通信接口。分子的封装允许使用相互之间没有化学反应的多种类型。这也使得分子免受环境噪声和可能的降解影响。在 AMC 系统中,囊泡绝大多数是用来做接口分子的[41]。囊泡就是细胞内的一种小泡,它的一个最重要的作用就是运输货物。例如,将蛋白质从粗面型内质网通过囊泡运载到高尔基体。

4.2.3　引导和运输分子

引导和运输分子的主要目的是从 TN 到 RN 指导和运载信使分子,如图 4.1 所示。 在基于分子马达的 AMC 系统中,运输分子是分子马达而引导分子绝大多数是蛋白纤维（如微管）。分子马达使得信使分子能够被接口分子（如囊泡）封装并且被引导分子（蛋白纤维和微管）所驱使，如图 4.2 所示。因此，AMC 系统的性能主要由分子马达所提供的驱动力所决定。对于分子马达沿着蛋白纤维运输货物（如信使分子），主要有两种建模方法。它们是连续棘齿和离散随机（或者化学动力学）模型[33]。

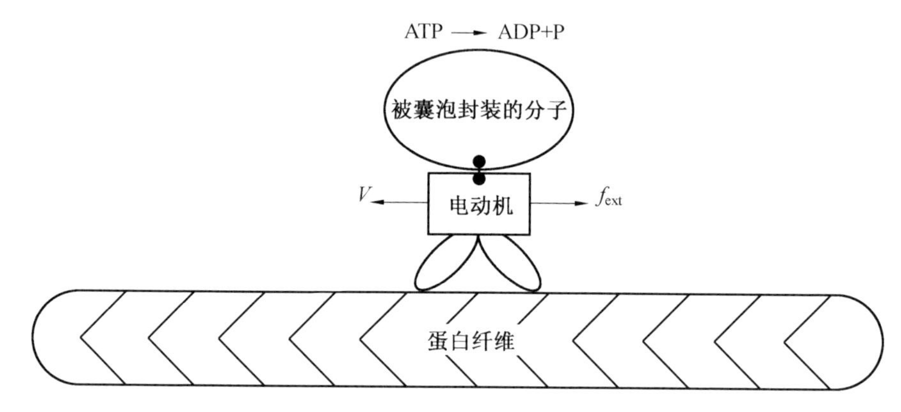

图 4.2　运动蛋白沿着蛋白纤维运载被囊泡封装的信使分子

4.2.4　分子马达沿着纤维运载货物的连续棘齿模型

从物理学的角度来看，一条纤维上的马达蛋白可以被看成在两个或多个空间上平行的，周期性的非对称的自由能平面之间扩散的质点，如图 4.3 所示。每个自由能平面描绘了分子马达不同的生化状态。注意图 4.3，假设存在两个生化状态，也就是 $j=1,2$。让 $\phi_j(x)$ 作为在点 x 处的第 j 个自由能平面。由于其棘齿状的特征，这个势能面不能在等温环境中直接引起马达蛋白的移动。然而，当有化学能形式（也就是 ATP 水解）的能量输入时，马达开始在不同的势能面之间随机地转换。这最终会导致一个马达的有偏扩散。系统的演化（马达 / 纤维的复杂性）可以用由一组耦合的 Fokker－Planck（福克－普朗克）方程形式来解释。

$$\frac{\partial \rho_j}{\partial t}=\underbrace{\frac{1}{D}\frac{\partial}{\partial x}\left[\frac{1}{k_B T}\left[F_{\text{Load}}+\frac{\partial \Phi_j(x)}{\partial x}\right]\rho_j\right]}_{\text{势能和驱动力引起的运动}}+\underbrace{D\frac{\partial^2 \rho_j}{\partial x^2}}_{\text{布朗运动}}+\underbrace{\sum_i k_{ji}(x)\rho_i}_{\text{化学反应}} \tag{4.1}$$

其中，$\rho_j(x,t)$ 是马达分子在位置 x、时刻 t、化学占用态 j 时的概率密度。F_{load} 是在马达分子上的外部作用力，D、k_B 和 T 分别为扩散系数、玻耳兹曼常量和绝对温度。$k_{ji}(x)$ 是从化学占用态 i 到 j 的转化速率。注意 $k_{jj}(x) = -\sum_{i \neq j} k_{ij}(x)$。由于 Fokker－Planck 方程的主导作用，这些化学支配的棘齿模型也被称为 Markov－Fokker－Planck 模型[55,56]。然而，通常描述马达分子和复合丝进化的 Fokker－Planck 的方程无法求得解析解。使用数值法解决这些问题显得力不从心，且需要很多的功能参数。例如，在这些参数中，获取切合实际的势能函数 $\Phi_j(x)$ 和转换速率 $k_{ji}(x)$ 是巨大的挑战。因此，使用连续棘齿模型是很难满足条件和验证试验数据的。所以，这些连续棘齿模型可以用来描述运载信使分子的运动蛋白的定性特征而不是定量特征[33]。

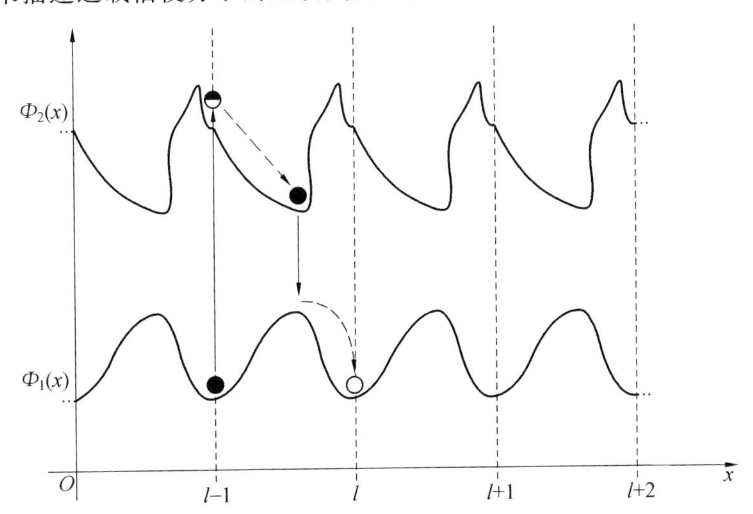

图 4.3　在最简单的两势能周期性的连续棘齿模型中运动蛋白的动态性图解

4.2.5　分子马达沿着纤维运载货物的离散随机模型

生物学中，分子马达沿着纤维的定向运动是一个基本的过程。这些运动是由 ATP 的水解提供能量，在这个过程中 ATP 是与运动蛋白或者复合丝相关的，它可以被水解为 ADP 和无机磷酸盐 P(ATP → ADP＋P)，然后这些磷酸盐和 ADP 是由分子马达或者复合丝来释放的。这一过程瞬间改变了运动蛋白的构造，并导致分子马达在纤维上的运动(图 4.2)。在酶循环的过程(单个能量分子的水解作用)，分子马达沿着纤维从一个结合点 l 到下一个距离 d

的结合点$(l+1)$,经历了一系列的中间生化态,如图 4.4 所示。当一个分子在机械化学态j_l,$j\in\{0,\cdots,N-1\}$,它可能以速率u_j移动到状态$(j+1)_l$,或者以速率w_j返回到状态$(j-1)_l$。它也可能以速率δ_j从纤维上分离,如图 4.5 所示。上文提到的离散统计模型是由体现总增益或衰减的线性主方程决定的,也就是$\partial P_j(l,t)/\partial t$,其中,$p_j(l,t)$是$t$时刻马达在状态$j_l$的概率。假定$\delta_j=0$,$\partial p_j(l,t)/\partial t$可由以下得出[16]:

$$\frac{\partial p_j(l,t)}{\partial t}=u_{j-1}(l)P_{j-1}(l,t)+w_{j+1}(l)P_{j+1}(l,t)-\left[u_j(l)+w_j(l)\right]P_j(l,t) \tag{4.2}$$

其中,$j=0,1,\cdots,N-1$;$u_j(l)$表示当分子马达在纤维上的结合点l上的前向速率。为了提供在周期性的状态N上的分子马达移动的周期性,有

$$P_{-1}(l,t)\equiv P_{N-1}(l-1,t),\quad P_N(l,t)\equiv P_0(l+1,t)$$
$$u_{-1}(l)=u_{N-1}(l-1),\quad w_N(l)=w_0(l) \tag{4.3}$$

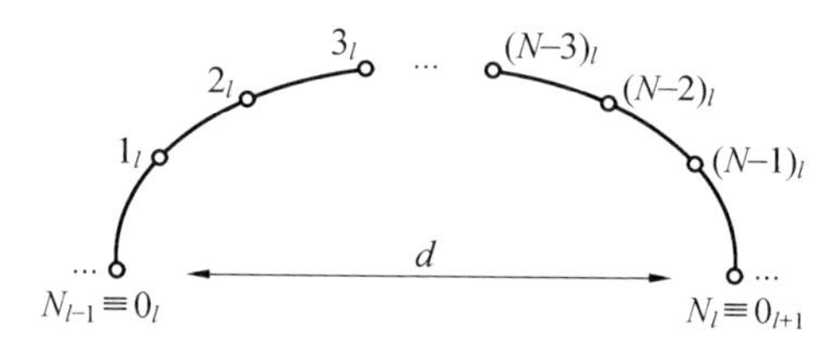

图 4.4　N状态周期性随机模型

(j_l表示结合位点l的第j个动力学状态,其中$j=0,\cdots,N-1$)

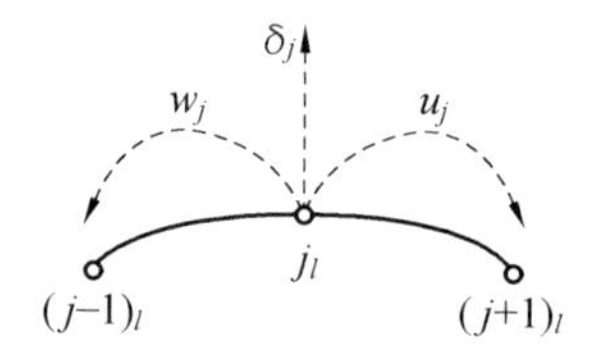

图 4.5　状态的分子马达可能以速率u_j向前移动或者以速率w_j回退,或者可能以速率δ_j不可逆地从轨迹脱离

对于$N=2$,一个质点从原点$l=0$开始经过时间t之后,该质点在t时刻属于状态$j_l(j=0,1)$并位于点l处的概率为[17,34]

$$P_j(l,t)=\int_{-\pi}^{\pi}\frac{\mathrm{d}q}{2\pi}\mathrm{e}^{-\mathrm{i}q(l+\frac{j}{2})}\left[\Xi_+(q)\mathrm{e}^{\lambda_+(q)t}-\Xi_-(q)\mathrm{e}^{\lambda_-(q)t}\right] \tag{4.4}$$

并且参数σ、$\lambda_\pm(q)$和$\Xi_\pm$是由以下得出:

$$\sigma = u_1 + u_2 + w_1 + w_2 \tag{4.5}$$

$$\lambda_{\pm}(q) = \frac{1}{2}\left[-\sigma \pm \sqrt{\sigma^2 + 4u_1u_2(e^{2iq} - 1) + 4w_1w_2(e^{-2iq} - 1)}\right] \tag{4.6}$$

$$\Xi_{\pm}(q) = \frac{\lambda_{\mp} + u_1 + w_2}{\lambda_{-}(q) - \lambda_{+}(q)}\left(1 + \frac{\lambda_{\pm}(q) + u_1 + w_2}{u_2 e^{iq} + w_1 e^{-iq}}\right) \tag{4.7}$$

假定 $\delta_j = 0$，对于任意的前向和后向转化速率 u_j 和 w_j，分子马达的漂移速率 V 可以被表示为[12]

$$V = \frac{d}{\sum_{j=1}^{N} r_j}\left(1 - \prod_{j=0}^{N-1} \frac{w_j}{u_j}\right) \tag{4.8}$$

其中，d 是步长大小(图 4.4)；并且 r_j 为

$$r_j = \frac{1}{u_j}\left(1 + \sum_{k=1}^{N-1} \prod_{i=1}^{k} \frac{w_{j+i-1}}{u_{j+i}}\right) \tag{4.9}$$

当 $N = 2$ 时，分子马达的漂移速度 V 和扩散系数 D 可以表示如下：

$$V = \frac{(u_1u_2 - w_1w_2)d}{u_1 + u_2 + w_1 + w_2} = (\Gamma - 1)\omega d \tag{4.10}$$

$$D = \frac{1}{2}[\Gamma + 1 - 2(\Gamma - 1)^2 \omega/\sigma]\omega d^2 \tag{4.11}$$

其中，$\Gamma = u_1u_2/w_1w_2$，$\omega = w_1w_2/\sigma$，与式(4.8)相似，对于任意的 N，一个普遍的获取离散相关系数 D 的方法可以在参考文献[12]中找到。此外，对于有兴趣的读者，分子马达建模的其他方法可以在参考文献[3,4,44]中找到。

4.3　第二情景的建模方法

就像 4.1 节所介绍的那样，在基于分子马达的分子通信的第二场景中，蛋白纤维是被许多平坦基质上吸收的运动蛋白所驱使。通过这种方式，装载在蛋白纤维上的信使分子随着纤维在运动蛋白上的单向滑动可以从 TN 运输到 RN(图 4.6)。

为了建立一个信使分子在蛋白纤维上搬运的模型，让我们考虑图 4.7 所描述的情景。当 ATP 分子存在时，其外着肌球蛋白的表面能够引起肌动蛋白纤维的单向运动。肌动蛋白纤维可以被假定为纵向刚性和没有惯性。

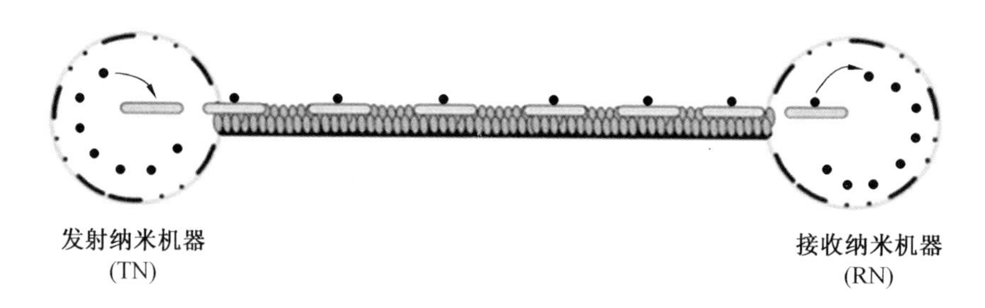

图 4.6 基于分子马达的主动分子通信的第二情景
(运载信使分子的蛋白纤维被吸收在平坦基质上的运动蛋白所驱使)

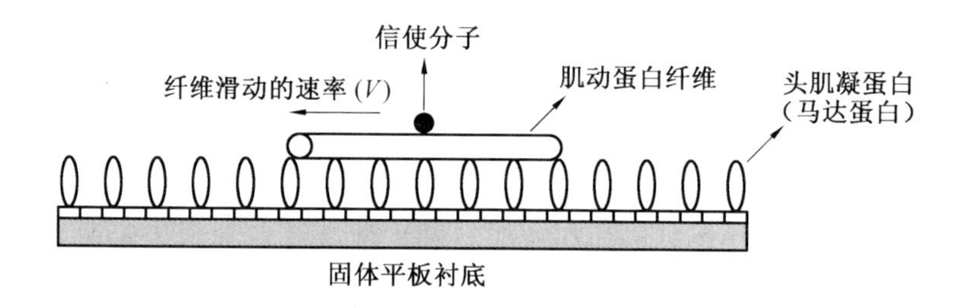

图 4.7 信使分子在肌动蛋白纤维上运载,而肌动蛋白纤维在表面附有肌球蛋白的平坦基质上滑过

任何时刻,每个肌球蛋白头都处于 3 种状态中的某一种,即分离、驱使和保持态。在分离态中,肌球蛋白头可能从肌动蛋白脱离,因此它们对于肌动蛋白纤维的运动是不提供任何帮助的。如果肌球蛋白头又依附到肌动蛋白上,它们可能出现在驱使态或者保持态。P_d 和 P_h 分别作为肌球蛋白头在驱使态和保持态的概率。注意,P_d 和 P_h 并不取决于肌球蛋白纤维的速率。通过 ATP 分子的水解,肌球蛋白头能够产生一个滑动驱使力。记 f_d 为单个肌球蛋白头所产生的驱动力。在保持态,ATP 分子并没有水解,因此肌球蛋白头也没有产生一个滑动的驱使力。然而,它们会在移动的肌动蛋白纤维上施加一个摩擦阻力。记 ξ 为每个肌球蛋白头的摩擦阻力系数。因此,每个肌球蛋白头的摩擦阻力就等于 $-\xi V$,其中 V 是肌动蛋白纤维的速率。除了摩擦阻力,考虑到周围环境的黏性,还有一种黏性阻力施加在肌动蛋白纤维上。黏性阻力的系数(f_s)可以被表示为

$$f_s = L\bar{\eta}_s \tag{4.12}$$

其中，$\bar{\eta}_s$ 为

$$\bar{\eta}_s = \frac{2\pi\eta}{\ln\left[\frac{L}{b}\right] - 0.5} \tag{4.13}$$

其中，L 和 b 是肌动蛋白纤维的长度和半径；η 是溶剂黏度。通过考虑肌球蛋白头所有的状态以及黏性和摩擦阻力，有

$$-f_s V(t) + F_d(t) + F_h(t) = 0 \tag{4.14}$$

其中，$V(t)$ 是肌动蛋白纤维的滑动速率。式(4.14)的第一项代表有周围溶剂所引入的黏性阻力。注意，f_s 是式(4.12)所介绍的黏性阻力系数。式(4.14)的第二项 $F_d(t)$ 是在驱使态由肌球蛋白头所产生的总的滑动力。最后一项 $F_h(t)$ 是在保持态有肌球蛋白头所施加在肌动蛋白纤维上的总的摩擦阻力。为了给 $F_d(t)$ 和 $F_h(t)$ 找到最接近的表达形式，我们定义了两个函数，也就是 $\Theta_d^i(t)$ 和 $\Theta_h^i(t)$，如式(4.15)和式(4.16)所示。$\Theta_d^i(t)$ 和 $\Theta_h^i(t)$ 表示肌球蛋白头的第 i 个状态。如果 $\Theta_d^i(t)=1$，第 i 个肌球蛋白头处于驱使态，否则 $\Theta_d^i(t)=0$。同样地，如果 $\Theta_h^i(t)=1$，第 i 个肌球蛋白头状态就是在保持态，否则$\Theta_h^i(t)=0$。使用了 $\Theta_d^i(t)$ 和 $\Theta_h^i(t)$，驱使力 $F_d(t)$ 和 $F_h(t)$ 可以以如下的形式表达：

$$F_d(t) = f_d \sum_{i=1}^{N} \Theta_d^i(t) \tag{4.15}$$

$$F_h(t) = -\xi V(t) \sum_{i=1}^{N} \Theta_h^i(t) \tag{4.16}$$

其中，f_d 是由单个处于驱使态的肌球蛋白头所产生的滑动驱使力；ξ 是单个肌球蛋白头的摩擦阻力系数；N 是与滑动的肌动蛋白纤维相接触的肌球蛋白头的数目。N 可以给定为 $N=\rho L$，其中 ρ 是每个单位长度肌球蛋白头的密度。与纤维接触的每个肌球蛋白头都会自然地改变它的状态。τ 表示一段极小的时间，在这段时间内每个肌球蛋白头改变了它的状态，同时假定 $\Theta_d^i(t)$ 和 $\Theta_h^i(t)$ 是稳定的、独立同分布的随机变量，具有与 τ 在同一数量级的相关时间。于是，式(4.15)和式(4.16)右面的部分可以被近似为在一段远大于 τ 的时间段内它们各自的平均值。因此，使用式(4.12)～式(4.16)，滑动的肌动蛋白纤维的速率($V(t)$)可以被近似为

$$V(t) \simeq \frac{f_d \langle \mathcal{D} \rangle \rho}{\bar{\eta}_s + \zeta \langle \mathcal{H} \rangle \rho} \tag{4.17}$$

和

$$\mathscr{D}=\frac{1}{N}\sum_{i=1}^{N}\Theta_{\mathrm{d}}^{i}(t),\quad \mathscr{H}=\frac{1}{N}\sum_{i=1}^{N}\Theta_{\mathrm{h}}^{i}(t) \tag{4.18}$$

其中,括号〈•〉代表时间平均值。由于 $\Theta_{\mathrm{d}}^{i}(t)$ 和 $\Theta_{\mathrm{h}}^{i}(t)$ 被假设为统计独立的,〈$\mathscr{D}$〉和〈$\mathscr{H}$〉可以被表示为

$$\langle\mathscr{D}\rangle=\langle\Theta_{\mathrm{d}}^{1}(t)\rangle=P_{\mathrm{d}} \tag{4.19}$$

$$\langle\mathscr{H}\rangle=\langle\Theta_{\mathrm{h}}^{1}(t)\rangle=P_{\mathrm{h}} \tag{4.20}$$

使用式(4.10)和式(4.17)的速率表达式,由 TN 发送到 RN 的信使分子或者信息符号的平均时间是可以被计算出来的。除此之外,影响分子通信的许多重要因素也可以使用以上被定义的理论模型被推导出来。接下来,基于研究分子马达运载信使分子的简化方法,介绍基于分子马达的 AMC 通信理论和技术。

4.4 基于分子马达的主动分子通信的通信理论和技术

分子通信的一个重要的实用领域是在微通道环境,包括不使用微流体的片上实验室(lab－on－a－chip)设备。在这些环境中,为了特定的目的,许多化学过程在这个很小的设计空间内被实施和控制[11]。因此,为了做出决定(如判断病原体存在与否),信息可能需要从一个或多个反应地点传送到一个数据融合中心。在这些系统中[13],基于分子马达的 AMC 是一个进行信息传递任务的潜在途径。让我们考虑一种内衬有驱动蛋白马达的微通道(图 4.8)。这些马达使得运载信使分子的微管被囊泡封装并沿着微通道表面传播。注意,这样一个基于微通道的使用分子马达的主动通信可以被认为是在 4.1 节叙述的第二情景(或者是第二种类型的试验),详细阐述见 4.3 节。假定在 $t=0$ 时刻,微管在微通道的 2D 表面的初始位置为(x_0,y_0)。这些微管的运动是按照(x_i,y_i)这样的坐标顺序,其中 $i=1,2,\cdots,k$。每个坐标(x_i,y_i)都代表了在 $t=i\Delta t$ 时刻的末尾微管头部的位置,并可以表示为[48]

$$x_i=x_{i-1}+\Delta r\cos\theta_i \tag{4.21}$$

$$y_i=y_{i-1}+\Delta r\sin\theta_i \tag{4.22}$$

图 4.8 阐明了微通道由装载区域、卸载区域和外着驱动蛋白的平坦表面 3 部分组成。在装载区域,分子被囊泡封装并装载到微管上。然后,装载分子

的微管在外着驱动蛋白的平坦表面向着卸载区域滑动。在微管到达卸载区域之后，它们将信使分子卸入卸载区域。

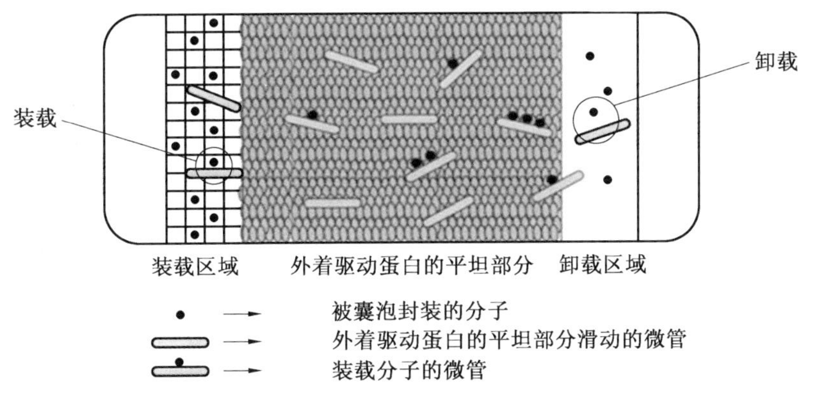

图 4.8　微通道的组成

图 4.9 所示的轨迹通过式(4.21) ~ 式(4.26) 所介绍的理论模型被阐明。微管的移动被限制在沿着 x 轴和 y 轴的[300 μm,300 μm] 的区域内。

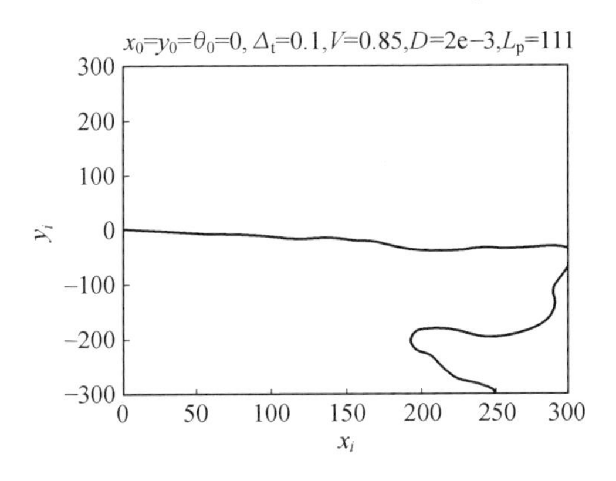

图 4.9　运载信使分子的微管的采样轨迹图

Δt 是一个很小的时间间隔，Δr 是步长，它可以被建模为独立同分布的高斯随机变量模型，参数如下：

$$E[\Delta r]=V\Delta t \tag{4.23}$$

$$\mathrm{Var}[\Delta r]=2D\Delta t \tag{4.24}$$

其中，V 是微管的平均速率；D 是微管的扩散系数；θ_i 是微管移动的角度，它可以由以下得出：

$$\theta_i=\Delta\theta+\theta_{i-1} \tag{4.25}$$

其中,$\Delta\theta$ 被假定为一个独立同分布的高斯随机变量,参数如下:

$$E[\Delta\theta]=0 \tag{4.26}$$

$$\mathrm{Var}[\Delta\theta]=\frac{V\Delta t}{L_p} \tag{4.27}$$

其中,L_p 是微管轨迹的持久长度。V、D 和 L_p 的真值可以给定为 $V=0.85\ \mu m/s$,$D=2\times10^{-3}\ \mu m^2/s$ 和 $L_p=111\ \mu m$[48]。使用这些值和上述模型,一个采样轨迹在图 4.9 中被阐明。为了仿真微通道的覆盖区域,滑动微管的移动被限制在沿着 x 轴和 y 轴的[$-300\ \mu m$,$300\ \mu m$]区域内。微管最初被假定为空载的(没有货物和分子),在装载和卸载区域的介质中均匀分布,它们在介质中移动,如上详述。在装载区无论何时微管接近信使分子,它都能装载分子。这个可以通过以下途径实现:信使分子首先通过DNA杂化绑定到发射区(装载区);然后,当微管靠近分子时,微管表面的单链 DNA(ssDNA) 与分子表面的单链DNA杂化,这就使得分子被加载到微管上。注意每个微管都有不止一个的货物结合槽,因此,多个分子可以被装载到单个微管上。当到达卸载区域,装载分子的微管就会卸下分子[15,25]。

通过考虑上述实用场景,让我们再次考虑图 4.6 所阐述的分子主动通信机制,假定 TN 有一个装载区、RN 有一个卸载区,来按如下方式共享分子信息。TN 可能从这一系列的信息类消息 $\chi=\{0,1,\cdots,x_{max}\}$ 中挑选一些发送,其中 x_{max} 是 TN 每个信道所能释放的最大的分子数量。例如,如果 $x_{max}=3$,TN 可能释放 1、2 或 3 个分子。每个可供选择的发射对应于两位的发射信息。换句话说,TN 可以通过分别发射 0、1、2、3 个分子来表示发送信息“00”“01”“10”“11”。让 $x\in\chi$ 作为被 TN 发射的分子数。在一个传统的通信系统中,接收纳米机器接收的符号会被环境噪声破坏。然而,在图 4.6 所描绘的主动分子通信中,信息符号主要受微管和分子在扩散中过大的时延的影响。在通信会话终止之后,它们可能就不会被传送到 RN。通信会话指的是在信道使用的持续时间 T 内,消息被期望传到 RN 的过程。在信道使用时间 T 内,不能到达 RN 的消息就是错误消息。让 $Y\in\chi$ 代表在时刻 T 后到达 RN 的分子数[15]。

$x\in\chi$ 和 $y\in\chi$ 是离散随机变量,可以分别用概率质量函数(PMF) $f_x(x)$ 和 $f_y(y)$ 来表征。此外,X 和 Y 分别代表了主动分子通信信道的输入和输

出。分子信道的信息容量也就是C,可以由以下给出

$$C=\max_{f_X(x)} I(X;Y) \tag{4.28}$$

其中$I(X;Y)$是X和Y的互信息,被定义为

$$I(X;Y)=E\left[\log_2 \frac{f_{Y|X}(y|x)}{\sum_x f_{Y|X}(y|x) f_X(x)}\right] \tag{4.29}$$

其中,$f_{Y|X}(y|x)$表示假定符号x已经在TN被发射,在RN接收到符号的概率。$f_X(x)$是TN发射符号x的概率,$E[\cdot]$表示期望。

为了得到$f_{Y|X}(y|x)$,假设装载区被一个虚拟的方格网覆盖(图4.8)。网格中每个方格的长度被假定为与信使分子的半径相同。因此每个方格仅能被一个分子所占据。如果一个货物槽为空的微管进入一个有分子的方格,就会装载分子。然后,进入到卸载区域的时候,它又卸载分子。假定在装载区的网状结构中有n个方格。这就意味着最多有n个分子可以被固定在被网格覆盖的装载区。对于$f_{Y|X}(y|x)$的获取,随机变量X_i、V_i、K、V_i^k、D_i^k和Y^k代表发生在TN和RN之间的主动分子通信中的物理事件,如下所定义[15]:

①$X_i(i\in\{1,\cdots,n\})$是一个伯努利随机变量,代表一个分子被放置在第i个方格的事件。假设初始化的时候,在装载区分子的总个数是$X\leqslant n$,分子在网格上是均匀分布的。然后,分子被放在第i个方格的概率可以近似为

$$p(X_i=1)=\frac{X}{n} \tag{4.30}$$

②V_i是一个伯努利随机变量,代表第i个方格被微管在单个行程中访问的事件。因此,$p(V_i=1)$是第i个方格被微管访问的概率;$p(V_i=0)$是第i个方格不被微管访问的概率。

③K代表在持续时间T内,微管在发射区和接收区之间的行程数。

④V_i^k是一个伯努利随机变量,代表事件在k个行程中,第i个方格至少被微管访问一次的概率,因此

$$p(V_i^k=1)=1-(1-p(V_i=1))^k \tag{4.31}$$

⑤D_i^k是一个伯努利随机变量,代表第i个方格的分子在k个行程之后被传递至RN的事件,并且可定义为

$$p(D_i^k=1)=p(V_i^k=1)p(X_i=1) \tag{4.32}$$

式(4.32)的推导是基于$p(V_i^k=1)$和$p(X_i=1)$互相独立的假设。然而,这个

假设是不精确的,由于 $p(X_i=1)$ 随着之前行程中已经传递的分子数而改变。它的精确度可以通过增加行程数 k 或者每个信道的使用时间 T 来得到改善[15]。

⑥Y^k 代表在 k 个行程中被传送到 RN 的总分子数。然后,对于给定的 X,Y^k 可以通过合并 D_i^k 和 X 得到,如:

$$Y^k=\min\left(\sum_{i=1}^{n}D_i^k,X\right) \tag{4.33}$$

注意,$\sum_{i=1}^{n}D_i^k$ 是一个二项泊松随机变量,因为 D_i^k 是一个伯努利随机变量。

基于(4.33)的随机变量 Y_i^k,概率质量函数 $f_{Y|X}(y|x)$ 可以被表示为

$$f_{Y|X}(y|x)=\sum_{k\in K}p(Y_i^k|X)p(k) \tag{4.34}$$

其中,$p(k)$ 是随机变量 K 的 PMF,表示在时间 T 内 TN 和 RN 之间的行程数。上述方法可以用来清晰地计算基于分子马达的主动分子通信的式(4.34)中的 $f_{Y|X}(y|x)$ 和式(4.28)中的信息率。然而,V_i 和 K 概率分布的计算依赖于建立在式(4.21)～式(4.26)所介绍方法上的仿真。此外,一些过度简化的假设使得所获得的 PMF 的精度有所降低[14,15]。

4.5 基于间隙连接通道的主动分子通信

在自然界中,多细胞生物的生存依赖于相互联系的细胞间的远程或短程的相互作用或者细胞内的通信。然而这之中的一些通信是建立在相隔一定距离的信使分子的自由扩散(如内分泌系统),其他的包括细胞对细胞的联系和通过间隙连接的分子传递,间隙连接是特定的细胞表面膜结构[35]。间隙连接是由两个匹配的接合结构形成的,将两个邻近细胞的细胞质连接起来。这些间隙连接允许相邻细胞间特定的小分子扩散通过。它们的渗透率不时地改变,以允许不同的分子在这些细胞间通过。并且,它们也能在一个细胞的生存期内关闭和再次开放[36,51]。

受基于间隙连接的细胞相互作用的启发,相互联系的纳米机器人(如人造细胞和转基因细胞)通过间隙连接通道进行分子通信也是可行的[45]。由于信使分子通过间隙连接通道被搬运,这样一个分子通信机制也可能被认为是主

动分子通信机制，或者也可能称为基于间隙连接的主动分子通信。间隙连接通道调解许多化学和电子信号机制，它们在维持多细胞系统的许多功能方面扮演着重要角色。一个最显著的信号机制就是 Ca 或者 Ca^{2+} 信号机制。作为一个对细胞外部信号的中央反馈（如荷尔蒙），细胞能立刻从细胞内的储存中释放 Ca^{2+}[22]。这些瞬态响应称为细胞间钙离子波，它们有着不同的速度、振幅和时空图案，它们协调细胞组的行为和调节许多细胞内的进程。再例如，受精过程中，哺乳动物卵产生的 Ca^{2+} 的峰值持续约 2 h 并开始发展。在之后的发展中，Ca^{2+} 信号开始参与单个细胞的分化。Ca^{2+} 也被用来控制细胞增殖，激活细胞质或细胞核内的转录因子[7]。根据产生 Ca^{2+} 信号处所的细胞类型的不同，Ca^{2+} 信号的原理（如通道）也不同。

事实上，Ca^{2+} 信号中用来在相邻的细胞间复制信号分子的两个通道是主要被定义的。它们是图 4.10 和图 4.11 所描绘的内部通道和外部通道。在内部通道（如气道的上皮细胞）中，Ca^{2+} 信号是基于第二信使分子 IP_3 的扩散，从一个受激细胞通过间隙连接进入相邻细胞内，这将导致相邻细胞释放，如图 4.10 所示。

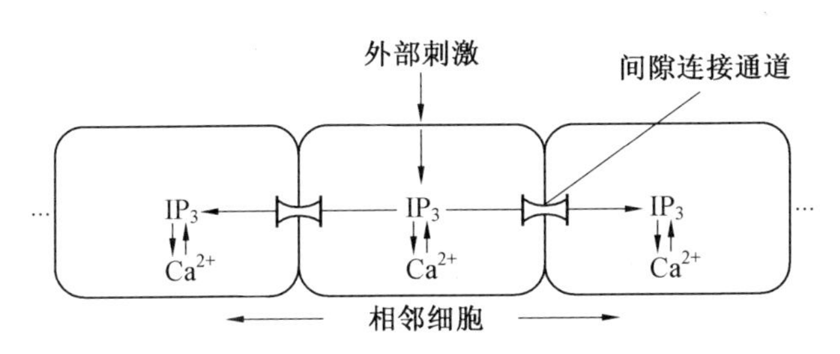

图 4.10　一种内部的 ICW 通道

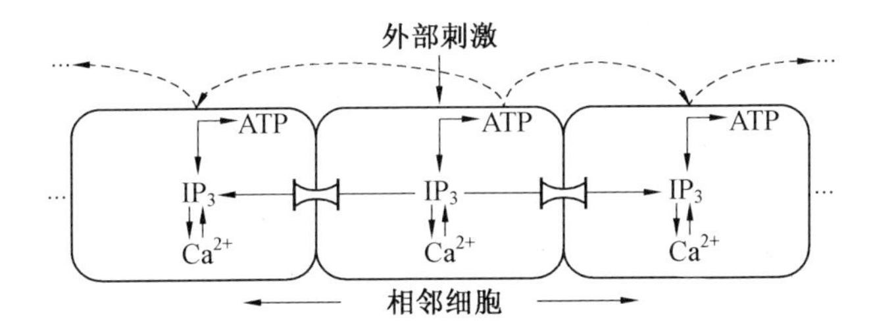

图 4.11　一种外部的 ICW 通道

在外部通道中，ATP 分子被释放到细胞外的空间，自由地扩散并触发相邻细胞。例如，在中央神经系统中最丰富的星形胶质细胞中，除了间隙连接中转的细胞间扩散的方式,ATP 释放进入细胞外部空间提供了有助于 ICW 的另外一种路线[26]。根据试验性的研究,已经表明内部通道和外部通道是互补的。根据所使用的路径,ICW 的频率和有效范围可能会改变。内部通道可以使相邻细胞快速通信,外部通道可以使 Ca^{2+} 信号到达遥远的细胞[29]。当一个外部激励通过细胞表面的受体被细胞接收时,G 蛋白分子将会被释放(图 4.12)。

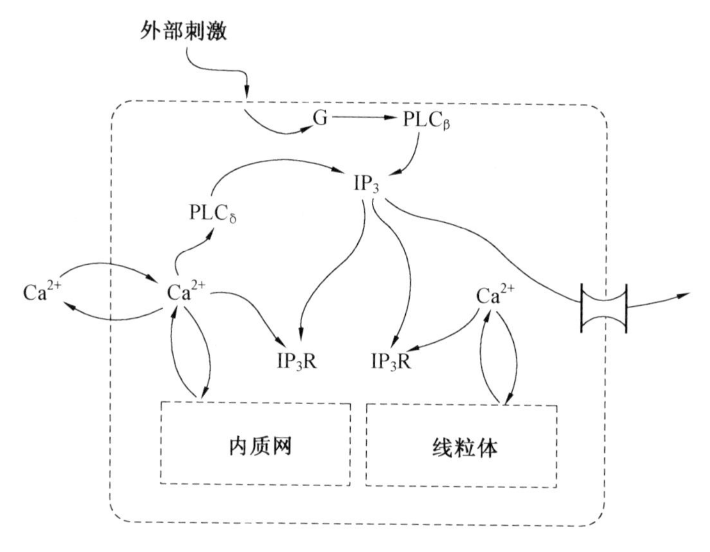

图 4.12　钙和信号分子由外部激励触发产生的过程

然后,G 蛋白分子的释放会引起一种叫 PLC_β 的化学物质的产生,这会使得胞液内的 IP_3 释放,胞液是所有细胞都有的细胞内的液体[26]。IP_3 分子迅速地在细胞内游走,触发位于内质网(ER)和线粒体薄膜上的 IP_3 受体(IP_3R)。这会使得内质网和线粒体打开 Ca 通道。因此,Ca^{2+} 开始扩散进入胞液,Ca^{2+} 浓度显著增加。增加的细胞质溶质 Ca^{2+} 浓度又通过触发 PLC_δ 分子,使得更多的 IP_3 分子释放,这会形成一个反馈回路。这种正反馈机制称为钙触发钙释放(CICR)。然后,通过 IP_3 分子从间隙连接传输从而使信号传播进入相邻细胞,这会构成图 4.10 所示的内部通道。细胞也释放一些 ATP 分子进入外部空间,以此来建立图 4.11 所示的外部通道。注意除了 IP_3 分子,一些 Ca^{2+} 分子也会以一个非常低的速率扩散进入相邻细胞[36]。

在表 4.1 中,细胞内控制 Ca^{2+} 和 IP_3 信号动力学的时间速率被给出。使用如上定义的速率以及 Ca^{2+} 和 IP_3 信号动力学,可能会引入一个基于 Ca^{2+} 和

IP_3 信号机制的分子通信的数学模型[26]，把 C、S、I 和 R 分别记为细胞质的 Ca^{2+} 浓度、ER 储存的 Ca^{2+} 浓度、IP_3 浓度和 IP_3R 有效部分的浓度。然后，这些变量的时间导数可以被记为

$$\frac{\partial C}{\partial t}=v_{\text{rel}}-v_{\text{SPERCA}}+v_{\text{in}}-v_{\text{out}}+D_{\text{Ca}}\left(\frac{\partial^2 C}{\partial x^2}+\frac{\partial^2 C}{\partial y^2}\right) \tag{4.35}$$

$$\frac{\partial I}{\partial t}=v_{\text{PLC}_\beta}+v_{\text{PLC}_\delta}-v_{\text{deg}}+D_{\text{IP}_3}\left(\frac{\partial^2 I}{\partial x^2}+\frac{\partial^2 I}{\partial y^2}\right) \tag{4.36}$$

$$\frac{\partial S}{\partial t}=\beta(v_{\text{SERCA}}-v_{\text{rel}}) \tag{4.37}$$

$$\frac{\partial R}{\partial t}=\beta(v_{\text{rec}}-v_{\text{inact}}) \tag{4.38}$$

表 4.1　细胞内支配 Ca^{2+} 和 IP_3 信号动态的速率

v_{rel}	ER 的 Ca^{2+} 释放速率
v_{SERCA}	ER 的 Ca^{2+} 补给速率
v_{in}	Ca^{2+} 流入胞液的速率
v_{out}	Ca^{2+} 流出胞液的速率
v_{deg}	IP_3 的降解速率
v_{PLC_δ}	PLC_δ 的速率
v_{PLC_β}	PLC_β 的速率
v_{inact}	受体（IP_3R）的失活速率
v_{rec}	受体（IP_3R）的恢复速率

其中，D_{Ca} 和 D_{IP_3} 分别是细胞质的 Ca^{2+} 和 IP_3 的扩散系数；β 是细胞质和内质网 Ca^{2+} 有效量的比值。如图 4.10 和图 4.11 所示，细胞被散布的 Ca^{2+} 和 IP_3 的缝隙节点流量连接。为了确定这些流量，让 x 和 y 分别作为空间坐标轴，假设细胞与细胞在 $x=\xi$ 处连接。因此，沿着 x 轴的细胞间流量可以被给定为

$$-D_{\text{Ca}}\left.\frac{\partial C}{\partial x}\right|_{x=\xi}=P_{\text{Ca}}[C(\xi^-,y,t)-C(\xi^+,y,t)] \tag{4.39}$$

$$-D_{\text{IP}_3}\left.\frac{\partial C}{\partial x}\right|_{x=\xi}=P_{\text{IP}_3}[I(\xi^-,y,t)-I(\xi^+,y,t)] \tag{4.40}$$

其中,(ξ^-, y) 和(ξ^+, y) 可以分别记为间隙连接在左右细胞中的空间位置。与沿着 x 轴的流量类似,上述公式同样适用于沿着 y 轴的流量。参数 P_{Ca} 和 P_{IP_3} 分别是 Ca^{2+} 和 IP_3 在间隙连接处的渗透率。由式(4.35)~式(4.40)给出 Ca^{2+} 和 IP_3 信号机制的控制方程提供了一种基于间隙连接通道的主动分子通信模型。然而,这些方程解析解的缺失仍然是一个具有挑战性的问题。然而,我们可以多次使用数值解法,以便更好地理解主动分子通信的特征[26,43]。

4.6 基于运动细菌的主动分子通信

除了之前章节介绍的基于分子马达和间隙连接的主动分子通信机制,使用细菌作为载体从 TN 到 RN 主动运输 DNA 分子也是一种可选方案。因此,这样一个主动分子通信机制被称为基于运动细菌①的主动分子通信,如图 4.13 所示,在这个机制中,DNA 信息(即信使分子)首先被引入到 TN 的细菌的细胞质内。然后细菌又被释放到 TN 和 RN 之间的介质,细菌驱使自己向 RN 移动,同时 RN 会向介质释放一种接收引导剂(reception attractant, RA)。细菌则会跟随 RA 的浓度梯度,并朝 RN 移动。当它到达 RN 时,DNA 信息的接收和解码将在 RN 中完成。如果 TN 想传递一个 DNA 信息,它会发射一个传输引导分子(TA),它将吸引附近的空载细菌回到 TN。在基于运动细菌的主动分子通信中,定义了 3 个不同的阶段[9,18,19],即编码和释放阶段、传播阶段、接收和译码阶段,如下详述。

图 4.13 中 TN 将信使分子(DNA) 加载到细菌上。这些装有负载的细菌通过感知,跟随由 RN 发射的接收引导剂(RA) 运动。当它们到达 RN 时,RN 就会卸载和吸收这些由 TN 发射的信使分子。如果 TN 想发射,它也能够发射传输引导剂(TA) 分子。TA 能够使得载体细菌返回 TN,从而 TN 会再次将信使分子装载到载体细菌上。

---

① 注意几乎所有的细菌都使用信使分子相互交流来协调它们的群体行为。这种通信称群体感(QS),它是基于由细菌产生和发射的信使分子的被动扩散。这里,为了主动地将信使分子从 TN 搬运到 RN,使用了细菌的运动行为,因此它是不同于 QS 的。

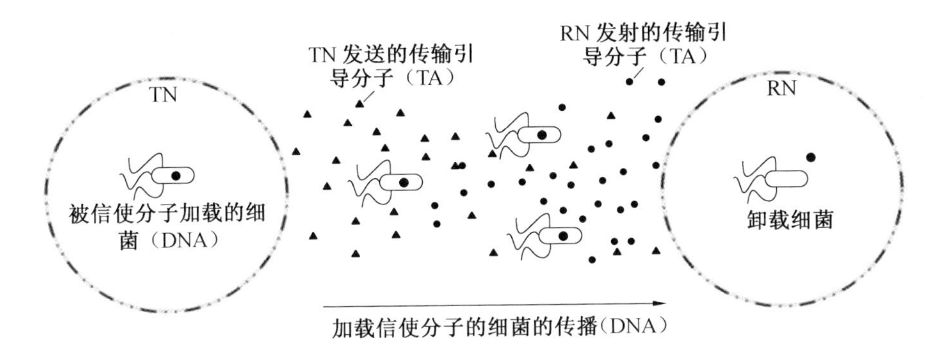

图4.13 一个基于运动细菌的主动通信

4.6.1 编码和释放阶段

基于细菌的主动分子通信，对于仿生纳米机器人来说，使用由DNA核苷酸，也就是腺嘌呤、胸腺嘧啶、胞嘧啶、鸟嘌呤（A、T、C、G）① 组成的四进制字母表进行编码是可能的。在编码阶段，DNA信息被放入细菌的细胞质。这可以使用一系列的技术来完成。它们是基于质粒和基于噬菌体的技术。质粒是环状的DNA序列，长度为5 000～400 000个碱基对[37]。在基于质粒的技术中，质粒通过转化和电击穿的方法插入到细菌细胞内[47]。在基于噬菌体的技术中，噬菌体被使用，它们是一种能够将遗传物质（或DNA信息）注入细菌的病毒。这种信息的多少取决于细菌内使用的编码信息技术。例如，使用质粒，给一个长于15 000个碱基对的消息序列编码是十分困难的（这种机制在生物学文献中被称为克隆）。然而，使用噬菌体，所能编译的消息长度有显著提升（如23 000个碱基对）[47]。注意，这些编码机制的实现需要的外部宏观介入（也就是实验室设备），因此它们不能在纳米机器人中（实例中的TN）使用。为了释放这些包含DNA消息的细菌，可能会使用包含生物、化学或者人造设备和材料的不同方法，除了TN和RN②。例如，包含DNA信息的不同类型的细菌可以被储存在像仓库一样的网关节点，这其中每个细菌类型对某种抗生素具有抗性。通过对一种类型的细菌应用抗生素，网关可以选择和释放带有

① 注意，这种DNA核苷酸的使用在基于DNA的计算机的概念中已经被介绍[38]。

② 注意，由于图4.13所描绘的仅仅是为了展示使用细菌的运动行为来共享分子信息的AMC情景，这些额外的设备和材料不会在图4.13中阐述。

所需 DNA 信息的所需细菌类型,而其他细菌则会被消灭[19]。值得注意的是,这些系统的发展仍然处在早期阶段,这种可以在分子尺度上有效工作的系统实现之前,还需要大量的研究工作。

4.6.2 传播阶段

在释放包含 DNA 编码信息(或者经过克隆)的载体细菌之后,载体细菌感知或者跟随由 RN 发射的 RA 分子。这会使得它们朝着 RN 运动,最终到达 RN 并将 DNA 信息传递给 RN。这种对于载体细菌运动的建模方法根据用作载体的细菌类型而有所不同。例如,在基于细菌的主动分子通信情景中,大肠杆菌是最合适的细菌类型[9,18,19]。这是因为大肠杆菌是最简单的和最易于研究的生物。大肠杆菌的细胞是杆状的,长度 2.5 μm,直径 0.8 μm,带有半球形后盖[6]。这个细胞有一个很薄的三层壁,围绕着一种均匀的分子液体,叫作细胞质。它的拟核仅包含一种环形 DNA 分子,在它的细胞质中,有很多更小的以环形分布的DNA序列,称为质粒。质粒能够为细菌针对环境中某些抗生素提供抗性,它们也能在基因工程中使用以进行遗传操作实验[47]。大肠杆菌有两个不同的细胞器,它们是细且直的纤维(菌毛),以及更长的旋转细丝(鞭毛)。外部的细胞器菌毛可以使大肠杆菌附着到特定的基质或其他细胞上,以便交换遗传物质。另一方面,另一个细胞器鞭毛使得它能够游泳。所有这些细胞器如图 4.14 所示,它展示了一个鞭毛细胞。注意大肠杆菌的鞭毛数目从 4 到 10 不等。鞭毛可以绕着一个由质子流驱使的可反转的旋转马达旋转(图 4.14)。为了朝着特定的方向移动,大肠杆菌控制这些鞭毛的旋转方向。这种控制是受由细胞壁的受体产生的细胞内信号影响的,而这种细胞内信号是在受体计算撞击在细胞表面的分子的情况下产生的。当这些分子逆时针旋转时,它们形成一个同步包稳步推动物体平稳前进[6]。这种情况下,细胞可以说是在“行进”。当鞭毛顺时针旋转时,细胞可以说是在“翻滚”。翻滚的目的是为了调整细胞的前进方向。大肠杆菌的移动是这两种模式交替进行的,也就是行进和翻滚。平稳前进的时间显然比翻滚的时间长。当细菌朝着有利自己的方向移动时(例如,朝着食物丰富的方向或者远离有害的物质),行进的时间更会增加。当细菌向着不利的方向运动时,行进的长度减少,相对翻转的频率增加。在行进的过程中,细菌会以一个近似稳定的速率朝着之前选择的方向移动。新的方向会在翻滚时产生。细菌的这种转动式的移动可以看作是一种旋转扩散。旋转式的扩散采用的不是平移扩散的每 τ 秒沿着 x 轴移动距离 $\pm\delta$,而是沿着 x 轴转动一个 $\pm\phi$ 的角度。如果方向的选择在整个过程都是随机的,这会意味着平均的角度偏移为 90°。然而,使用大量的细胞所采集的实验数据表明,当大肠杆菌在一个低黏度的介质中扩散时,它更倾向于选择一个小于 90° 的角改变前进方向(平均是 68°)。此外前进方向的试验概率分布也是有偏向的[5]。

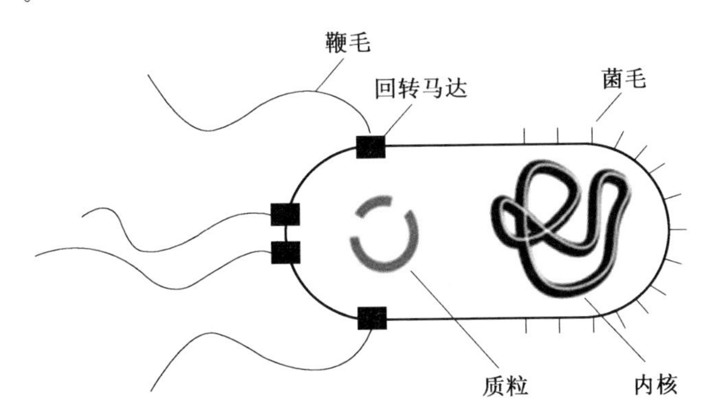

图 4.14　一个包含拟核、质粒、一定数量的菌毛、旋转马达和鞭毛的鞭毛细菌

载体细菌的移动可以被认为是一个随机游走过程。然而,它多少与在第 2 章所讨论的单纯的随机游走有些不同。让我们考虑一种游走者(如扩散分子)的一种单纯的一维随机游走,它在起点($x=0$)处开始,然后在短时间($t=\tau$)内,以等可能的概率(也就是 1/2)向左或向右短距离地移动。注意,当向左和向右移动的概率不相等时(如 1/3 和 2/3),这种随机游走叫作有偏的随机游走。对于有偏的和单纯的随机游走,概率分布函数 $p(x,t)$ 可以由第 2 章的讨论得到。如果 $p(x,t)$ 已知,计算平均位置和平方位移的均值就比较简单了。然而,与单纯的和有偏的随机游走相对的是,在细菌的移动中,在连续的每步的取向中有一个方向系数,被称为持久性[50]。这就产生了一个本地的方向偏差:每一步都倾向于指向与上一步相同的方向。因此,载体细菌这样的相关移动可以用相关随机游走(CRW)过程来表示。

在一个 CRW 中,游走者更可能朝着与之前的方向相同或相近的方向移动。游走者这种继续沿着相同方向的倾向称为持久性[50]。随机游走在每一步的位置不再是马尔可夫过程,由于它取决于之前的位置序列。因此,描述一个 CRW 的通常的框架是一个速度跳跃过程,在这其中跟随马尔可夫过程的变量是游走者的速率而不是位置[10,49]。

假定在一个细菌群体中,每个个体都以恒定的速度沿着一根无限长的线向左或向右移动,$\alpha(x,t)$ 和 $\beta(x,t)$ 分别记为在时刻 t、位置 x 处,向右和向左移动的个体密度。因此,总的个体概率密度,也就是 $p(x,t)$,可以被写成 $p(x,t)=\alpha(x,t)+\beta(x,t)$。假定每个个体或者改变方向,即在每个时间步长 τ 处以概率 $r=\lambda\tau$ 向新的方向移动距离 δ,或者以概率 $q=1-\lambda\tau$ 向着之前的方向移动距离 δ。这种转向事件服从参数为 λ 的泊松分布。使用 $r=\lambda\tau$ 和 $q=1-\lambda\tau$,$\alpha(x,t+\tau)$ 和 $\beta(x,t+\tau)$ 可以被表示为

$$\alpha(x,t+\tau)=(1-\lambda\tau)\alpha(x-\delta,t)+\lambda\tau\beta(x-\delta,t) \tag{4.41}$$

$$\beta(x,t+\tau)=\lambda\tau\alpha(x+\delta,t)+(1-\lambda\tau)\beta(x+\delta,t) \tag{4.42}$$

对式(4.41)和式(4.42)进行泰勒级数展开,取极限 $\delta,\tau\rightarrow 0$,注意 $\delta/\tau=v$,α 和 β 的时间导数可以得出为

$$\frac{\partial\alpha}{\partial t}=-v\frac{\partial\alpha}{\partial x}+\lambda(\beta-\alpha) \tag{4.43}$$

$$\frac{\partial\beta}{\partial t}=v\frac{\partial\beta}{\partial x}-\lambda(\beta-\alpha) \tag{4.44}$$

对式(4.43)和式(4.44),分别对 t 求导,用式(4.44)减去式(4.43),对 x 求偏导。服从:

$$\frac{\partial^2(\alpha+\beta)}{\partial t^2}=v\frac{\partial^2(\beta-\alpha)}{\partial x\partial t} \tag{4.45}$$

$$\frac{\partial^2(\beta-\alpha)}{\partial x\partial t}=v\frac{\partial^2(\alpha+\beta)}{\partial x^2}-2\lambda\frac{\partial(\beta-\alpha)}{\partial x} \tag{4.46}$$

将式(4.46)代入式(4.45),使用式(4.43)、式(4.44)和 $\alpha+\beta=p$,关于 p 的时空变化微分方程可以写成

$$\frac{\partial^2 p}{\partial t^2}+2\lambda\frac{\partial p}{\partial t}=v^2\frac{\partial^2 p}{\partial x^2} \tag{4.47}$$

式(4.47)是一个电报方程的例子。由于它是线性的,式(4.47)可以被明确地解出。对于初始条件:

$$p(x,0)=\delta(x),\quad \frac{\partial p}{\partial x}(x,0)=0 \tag{4.48}$$

式(4.47)的解是[42,49]

$$p(x,t)=\begin{cases}\dfrac{e^{-\lambda t}}{2}\left\{\delta(x-vt)+\delta(x+vt)+\dfrac{\lambda}{v}\left[I_0(\Lambda)+\dfrac{\lambda t}{\Lambda}I_1(\Lambda)\right]\right\} & (|x|<vt)\\ 0 & (|x|\geqslant vt)\end{cases} \tag{4.49}$$

其中，$\Lambda=\lambda\sqrt{t^2-x^2/v^2}$；$I_0$ 和 I_1 是修改过的贝塞尔函数。对于 $x\to\infty$，贝塞尔函数可以有如下的近似扩展[1]：

$$I_0\sim\frac{e^x}{\sqrt{2\pi x}}+o(1/x) \tag{4.50}$$

$$I_1\sim\frac{e^x}{\sqrt{2\pi x}}+o(1/x) \tag{4.51}$$

$p(x,t)$ 为

$$p(x,t)\sim\frac{1}{\sqrt{4\pi Dt}}e^{-x^2/4Dt}+e^{-\lambda t}o(\xi^2) \tag{4.52}$$

对于 $\xi\equiv x^2/(vt)^2$，这个结果意味着对于近似扩展，当 $t\to\infty$ 时，电报方程的解可以简化为扩散方程的解。在第 2 章，已经得到单纯随机游走的扩散系数是 $D=\delta^2/(2\tau)$，其中 δ 是在每一跳移动的距离，τ 是跳之间的时间步长。然而，针对载体细菌的运动建模，上述介绍的电报的转动过程是一个强度为 λ 的泊松过程。因此，转动事件的平均时间是 $\bar{\tau}=1/\lambda$，转动事件间的平均移动距离为 $\bar{\delta}=v/\lambda$。因此，对于电报过程有效的扩散系数为[10]

$$D=\frac{\bar{\delta}^2}{2\bar{\tau}}=\frac{v^2}{2\lambda} \tag{4.53}$$

电报过程的扩散极限是让 $\lambda\to\infty$ 和 $v\to\infty$ 而保持 v^2/λ 是个常数。在单纯随机游走过程中，这种限制是让 $\tau\to 0$ 和 $\delta/\tau\to\infty$ 而保持 δ^2/τ 是个常数。因此，可以得出结论：当 $\lambda\to\infty$ 时，单纯随机游走和电报过程都趋近于相同的极限，如式(4.52)所观察到的。

在式(4.47)的电报方程中，这个转动过程仅有一种比率，也就是 λ，每个个体朝着先前方向的和新的方向概率分别为 $q=1-\lambda\tau$ 和 $r=\lambda\tau$。因此，式(4.47)被称为无偏电报方程。然而，就像下面所给出的，当向右转动的概率为 $r_1=\lambda_1\tau$ 且向左转动的概率为 $r_2=\lambda_2\tau$ 时，也有可能得到有偏电报方程。

$$\frac{\partial^2 p}{\partial t^2}+(\lambda_1+\lambda_2)\frac{\partial p}{\partial t}+v(\lambda_2-\lambda_1)\frac{\partial p}{\partial x}=v^2\frac{\partial^2 p}{\partial x^2} \tag{4.54}$$

在式(4.54)中,这个过程中有偏的出现给控制方程引入了一个漂移项。对于$\lambda_1 > \lambda_2$,如果它是右转动个体,它将更倾向于转动,这意味着有个向左的偏移(反之亦然)。注意,对于$\lambda_1 = \lambda_2$,式(4.54)可以简化为式(4.47)中的无偏方程。

在无偏和有偏的电报方程中,也就是式(4.47)和式(4.54),只考虑了一维运动(向左和向右移动的个体)。然而,向两个以上的方向扩展这个方程是有可能的。为此,我们将这个群体划分成朝着4个方向移动的个体,$\alpha_1,\cdots,\alpha_4$。在每个时间步长τ处,一个有恒定速率v的个体,可以分别以$\lambda_1\tau$和$\lambda_2\tau$的概率顺时针或逆时针转动$90°$,以概率$\lambda_3\tau$转动$180°$或者以概率$1-(\lambda_1+\lambda_2+\lambda_3)\tau$继续沿着之前的方向前进。通过类似式(4.47)的推导方式,相关电报方程可以写作

$$\frac{\partial^2 p}{\partial t^2} = v^2\left(\frac{\partial^2(\alpha_2+\alpha_4)}{\partial x^2} + \frac{\partial^2(\alpha_1+\alpha_3)}{\partial y^2}\right) - v(\lambda_1+\lambda_2+2\lambda_3)\frac{\partial p}{\partial t} + (\lambda_2-\lambda_1)\left(\frac{\partial(\alpha_3-\alpha_1)}{\partial x} - \frac{\partial(\alpha_4-\alpha_2)}{\partial y}\right) \tag{4.55}$$

式(4.55)对单个方程对应方向$\alpha_1,\cdots,\alpha_4$是可解的。然而,这样是不可能直接解出p的。事实上,不同于单纯和有偏的随机游走,在一个用电报方程建模的CRW中,通常是不可能直接计算出p的,或者得到一个可以为p求解的微分方程。CRW在更高维上建模是一个非平凡问题。然而,在许多情况上,通过路径分析直接计算CRW的统计值是可能的[10]。

直到现在,载体细菌的运动可以用CRW过程通过电报方程建模。然而,在这个建模方法中,TA和RA不被考虑在内,它们可以用来控制图4.13所示的载体细菌的传播。事实上,一个多世纪以来,科学家们一直在研究细菌是怎样优先地朝着氧气、矿物质、有机营养物质更富足的地方移动。这种现象通常被称为趋药性。为了可以联合考虑引导剂分子(TA或RA)的集中程度和载体的移动性,假设载体细胞仅仅以步长Δ向左或向右移动。受体被假定为存在于细胞外部。l记为有效体长(也就是受体之间的距离)与步长的比值。因此,$l\Delta$是有机体的有效长度。假设步长的平均频率在给定的方向仅受推进端

引导剂①浓度的影响。例如，一些细胞（如变形虫）是被"拉"的运动驱使的，因此推进沿是在前沿。另一方面，对一些其他细胞（如鞭毛细胞）来说，推进沿可能是绝缘沿，它是被一个"推动"的力驱使的。推动和拉动不同会影响数学建模中的符号。如果是拉动，那么 l 是正号；反之，l 是负号。

把 $f(c)$ 记为在给定方向的平均步频，其中 c 是引诱剂的平均浓度，它是位置 x 的函数。对于集中在 x 处的有拉动行为的细胞来说，向右和向左的平均步频分别记为 $f[c(x+0.5l\Delta)]$ 和 $f[c(x-0.5l\Delta)]$。$b(x)$ 记为集中在 x 处的细胞密度。因此，每个单位时间在 x 增大的方向上的细胞流，也就是 $J(x)$，可以被记为[31]

$$J(x)=\int_{x-\Delta}^{x} f[c(s+0.5l\Delta)]b(s)\mathrm{d}s-\int_{x}^{x+\Delta} f[c(s-0.5l\Delta)]b(s)\mathrm{d}s \tag{4.56}$$

式(4.56)是通过用向右的步频，在长度元素 s 与 $(s+\mathrm{d}s)$ 上累积细胞数目 $[b(s)\mathrm{d}s]$，然后在区间 $(x-\Delta,x)$ 上积分，最终减去相应的描述细胞向左运动的项得到的。$J(x)$ 可以被近似为

$$J(x)\approx\Delta^2\{-f[c(x)]b'(x)+(l-1)f'[c(x)]b(x)c'(x)\} \tag{4.57}$$

在式(4.57)中，第一项是普通的扩散项，代表细胞无趋性的运动；第二项代表细胞的趋药性反应（也就是趋药性导致的）。为了使其表达更清晰，式(4.57)可以被改写为

$$J=-\mu\frac{\mathrm{d}b}{\mathrm{d}x}+\chi b\frac{\mathrm{d}c}{\mathrm{d}x} \tag{4.58}$$

其中，μ 是"扩散"或者运动的系数，被表示为

$$\mu(c)\equiv\frac{\Delta^2}{\Delta t}=\Delta^2 f(c) \tag{4.59}$$

其中，$\Delta t\equiv\dfrac{1}{f(c)}$ 是步长之间的平均时间间隔。此外，在式(4.58)中，χ 是趋药性系数，被给定为

$$\chi(c)=(l-1)f'(c)\Delta^2 \tag{4.60}$$

① 出于TA和RA被假定为对分子的移动有着相同的影响，在本节中给出的模型同样适用于TA和RA，因此，术语"吸引分子"是在整节使用的，记为TA和RA。

通过结合式(4.59)和式(4.60)的结果,$\chi(c)$ 最终可以被表示为

$$\chi(c) = (l-1)\mu'(c) \tag{4.61}$$

注意,运动系数 μ 总是正的,而趋药性系数 χ 可正可负,这取决于 $(l-1)$ 与 $f(c)$ 的积。使用式(4.58)中的流表达式和扩散方程,细胞密度 $b(x,t)$ 的时间导数可以写为

$$\frac{\partial b}{\partial t} = -\frac{\partial J}{\partial x} = -\frac{\partial}{\partial x}\left(-\mu\frac{\partial b}{\partial x} + \chi b\frac{\partial c}{\partial x}\right) \tag{4.62}$$

通过变换视角,可能考虑 b 作为概率(记为 ω)。然后,式(4.62)可以用来定义在给定的引诱剂的分布 c 下,在 x 处 t 时刻存在细胞的概率。如果初始条件被设定为

$$\omega(x,0) = \delta(x - x_0) \tag{4.63}$$

式(4.62)的解是条件概率函数 $\omega(x,x_0,t)$。$\delta(\cdot)$ 是狄拉克函数。$\omega(x,x_0,t)$ 给出了假定细胞的初始时刻的位置为 x_0,在 t 时刻,细胞在位置 x 处的概率。基于这种条件概率函数,每个细胞的平均路径可以使用以下来查找:

$$\bar{x}(t) = \int x\omega(x,x_0,t)\,\mathrm{d}x \tag{4.64}$$

这是在整个 x 范围内的积分。此外,平均平方偏差为

$$\langle[x(t) - \bar{x}(t)]^2\rangle = \langle\int[x - \bar{x}(t)]^2\rangle\omega(x,x_0,t)\,\mathrm{d}x \tag{4.65}$$

为了使用式(4.56)~式(4.65)介绍的模型,指定 $f(c)$ 是十分有必要的,因为它反映了步频对平均引导剂浓度的依赖性。为此,假定当在某个地点的局部浓度超过判定值 Q,在这个给定的地点初始化的步频有一个值,而当它不足 Q 时,有另一个值。换言之:

$$\begin{cases}\text{当 } \xi(x) > Q \text{ 时},k \text{ 表示从 } x \text{ 处开始的步频;}\\ \text{当 } \xi(x) < Q \text{ 时},k(1-\bar{k}) \text{ 表示从 } x \text{ 处开始的步频}\end{cases} \tag{4.66}$$

其中,$0 < \bar{k} \leqslant 1$;$\xi(x)$ 是被估计的或者在 x 处的局部浓度。然后在 x 处一个细胞的平均步频为

$$f[c(x)] = k\{1 - \bar{k}[\text{prob } \xi(x) < Q]\} \tag{4.67}$$

根据概率分布函数 $F(\xi,c)$,局部浓度引诱剂的浓度被假定为分布在 $c(x)$ 附近的随机变量 ξ,$c(x)$ 是 x 处的浓度。因此,$[\text{prob } \xi(x) < Q]$ 可以被给定为[31]

$$[\text{prob}\ \xi(x) < Q] = \int_0^Q F[\xi, c(x)]\mathrm{d}\xi \tag{4.68}$$

使用式(4.59)和式(4.67)，运动性系数 μ 可以被表示为

$$\mu = \Delta^2 f[c(x)] = \Delta^2 k\{1 - \bar{k}\int_0^Q F[\xi, c(x)]\mathrm{d}\xi\} \tag{4.69}$$

通过解释式(4.69)，大量的结果可以轻易地被观测到。例如，当 $c(x) \to \infty$ 时，局部浓度能够超过阈值 Q 是很明显的，因此

$$\mu \to \Delta^2 k \tag{4.70}$$

相似地，当 $c(x) \to 0$ 时，局部浓度是有很大的可能性低于阈值 Q 的，因此

$$\mu \to \Delta^2 k(1 - \bar{k}) \tag{4.71}$$

假设引诱剂的局部浓度是由泊松分布所决定的，在受体的有效体积内，在任何给定的时刻找到 N 个分子的可能性为

$$P(N, \bar{N}) = \frac{\bar{N}^N - \mathrm{e}^{-N}}{N!} \tag{4.72}$$

其中，$\bar{N}$ 是 N 的平均值。如果 V 被假定为受体的有效体积，然后 N 和 $\bar{N}$ 可以被写成 $N = \xi V$ 和 $\bar{N} = cV$。在这种情况下，由式(4.72)可以推出

$$\left(\frac{\mathrm{d}N}{\mathrm{d}\xi}\right)^{-1} F(\xi, c) \equiv P(\xi V, cV) = \frac{(cV)^{\xi V} - \mathrm{e}^{-cV}}{(\xi V)!} \tag{4.73}$$

使用式(4.59)、式(4.69)和式(4.73)，运动性系数 μ 可以写成

$$\mu(c) = k\Delta^2 \left[1 - \bar{k}\sum_{N=0}^{N^*} \frac{(cV)^N \mathrm{e}^{-cV}}{N!}\right] \tag{4.74}$$

当 $N^* = QV$ 是受体分子数目的门限时，一旦获取运动性系数 $\mu(c)$，趋药性系数 $\chi(c)$ 可以由 $\chi(c) = (l-1)\mu'(c)$ 轻松地获得：

$$\begin{aligned}\chi(c) &= -k\bar{k}\Delta^2(l-1)V\mathrm{e}^{-cV}\left[\sum_{N=1}^{N^*} \frac{(cV)^{N-1}}{(N-1)!} - \sum_{N=0}^{N^*} \frac{(cV)^N}{N!}\right] \\ &= -k\bar{k}\Delta^2(l-1)V\mathrm{e}^{-cV} \frac{(cV)^{N^*}}{N^*!}\end{aligned} \tag{4.75}$$

通过式(4.56)～式(4.75)介绍的模型，反映了搬运 DNA 信息的细菌运动的物理动力学。它可以用来在数学上表征基于细菌的主动分子通信的传播阶段。这个模型的不同的含义可以在参考文献[23,30,32]中找到。接下来，介绍接收和译码阶段。

4.6.3 接收和译码阶段

一旦携带DNA信息的载体细菌到达RN,DNA信息首先被接收。假定RN也是转基因细菌,接收可以通过细菌结合的自然过程来实现。这个自然过程使得细菌之间的遗传物质(质粒)的交换可以通过其直接的接触进行[19,37]。使用外部细胞器(图4.14),载体细菌附着在RN上,细菌和RN之间的联系建立起来。这种联系允许载体传输一个单链质粒DNA。一旦质粒到达RN,DNA信息就可以通过限制性内切酶从质粒中提取出来(这可以看作是一个译码过程)。这个生化过程的细节可以在参考文献[37]中找到。

4.7 通过纳米机器联系的主动分子通信

到目前为止,TN和RN总是被看作是不具有移动性的纳米机器。然而,纳米机器对于许多分子通信和纳米网络的应用可能是不可或缺的。一个需要纳米机器的实例是为协调癌细胞探测而设计的纳米网络,是通过识别癌细胞,告知中央处理器采取合适的措施来实现的。很显然,这些应用需要通过移动纳米机器人的分子通信而实现。

如第1章所阐述的,自然界中,细胞的行为显然会受与其他细胞接触的影响。在其环境中,移动的信号细胞和靶细胞随机地碰撞。然后,信号分子保持附着在靶细胞表面的受体蛋白①的移动信号细胞上(图4.15)。这使得相撞的信号细胞和靶细胞黏合在一起。这些细胞间的相撞和黏合会引发细胞间的接触依赖的信号,它可以控制细胞中许多重要的活动,如第1章所述。

与接触依赖式的细胞间的信号方式类似的是,接触依赖式的分子通信②是可能存在于移动的纳米机器(如工程菌、转基因细胞)之间的。与生物细胞类似的是,纳米机器为了通信应该保持形体接触。形体接触是通过相互碰撞和黏合的纳米机器建立的,将它们如下建模[20]。

---

① 注意,RN上受体表面分子的绑定也可以被称为是如第3章所介绍的配合基受体绑定。

② 纳米机器间的接触可以被看作是中间物机制,它们调解分子信息通信,因此,这样一个依赖接触式的分子通信被称为是通过纳米机器接触的主动分子通信。

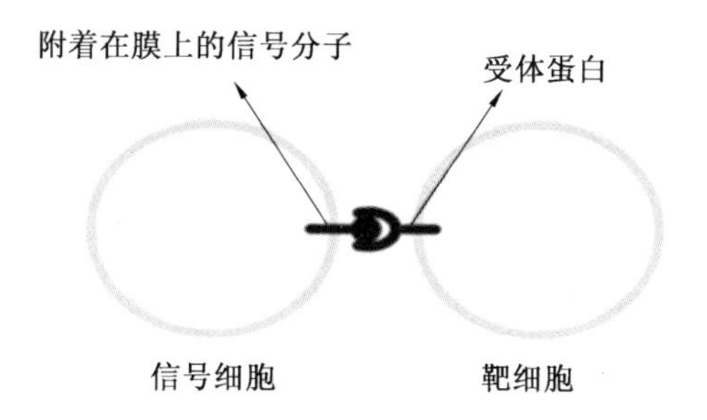

图 4.15　依赖接触的信号阐述
（信号分子仍然附着在靶细胞表面的受体蛋白的信号细胞上）

4.7.1　纳米机器的碰撞

半径为 a 的移动的纳米机器可以被假定为在体积为 $V(V \gg a)$ 的空间内扩散。当第二个纳米机器在被第一个纳米机器覆盖的空间内的时候，两个纳米机器在一个无穷小的时间间隔 δ_t 碰撞。这种碰撞的体积 δV_{coll} 在图 4.16 中被阐述，给定为

$$\delta V_{\text{coll}} = \pi a_{12}^2 v_{12} \delta t \tag{4.76}$$

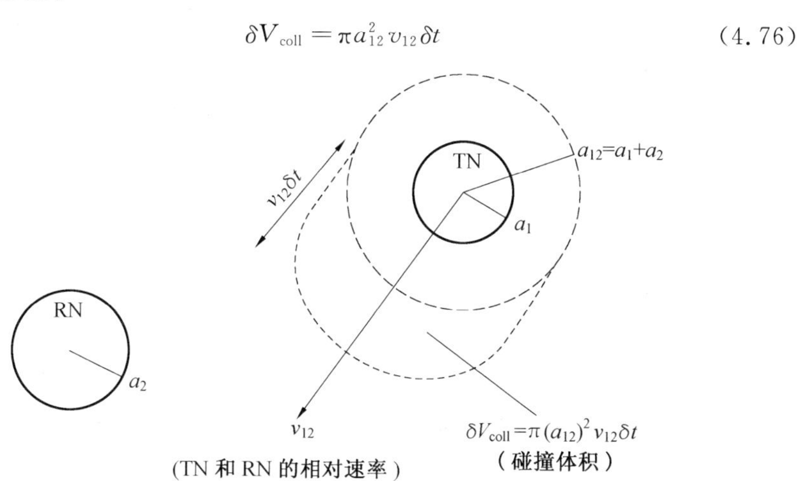

图 4.16　两个纳米机器的碰撞
（如果在 δ_t 时刻纳米机器 2 在碰撞体积 δV_{coll} 中，那么纳米机器 1 和纳米机器 2 会在时间间隔 δ_t 时相撞）

其中，$a_{12} = a_1 + a_2$，v_{12} 是第一个纳米机器对于第二个纳米机器人的相对速率。相对速率表明当第一个纳米机器被考虑是以速率 v_{12} 移动时，第二个纳米机器被认为是静止的。假定纳米机器的平均相对速率（$\bar{v}_{12}$）是已知的，假定

$a_1=a_2=a$,因此 $a_{12}=2a$。然后,使用碰撞的体积,纳米机器人的碰撞率也就是 R_c 可以被近似为

$$R_c \approx \frac{\pi a_{12}^2 \bar{v}_{12}}{V} \approx \frac{4\pi a^2 \bar{v}_{12}}{V} \tag{4.77}$$

碰撞率 R_c 是计算纳米机器相互作用的关键。然而,碰撞率不是影响基于纳米机器接触的 AMC 性能的最终因素。在碰撞之后,碰撞的纳米机器需要相互黏合,像在依赖接触式的细胞间信号那样分享信息。接下来,将推导纳米机器的黏合率。

4.7.2 纳米机器的黏合

在纳米机器碰撞之后,相互碰撞的纳米机器通过表面配体和受体的结合相互附着,依靠的是第 3 章介绍的配体-受体结合现象(图 4.15)。相互接触的两个纳米机器的黏合是一个随机事件,系统的状态被考虑为是一个概率向量 $[p_0, p_1, \cdots, p_n, \cdots, p_{A_c m_{\min}}]$,其中 $m_{\min}$ 是受体和配体的最小的表面密度,A_c 是接触面积[8]。黏合可以通过从 0 到 $A_c m_{\min}$ 的任何数目的结合来调解。假定 $p_n(t)$ 是在 t 时刻形成 n 个结合对的概率,假定 $p_n(0)=1$ 是对于 $n=0$ 来说的,$p_n(0)=0$ 是对于 $n\neq 0$ 来说的。对于 $p_n(t)$ 的时间演化,主方程可以被给定为[8,40]

$$\begin{aligned}\frac{\mathrm{d}p_n}{\mathrm{d}t} = {} & [A_c m_{\min}-(n-1)]m_{\max}k_f p_{n-1} - \\ & [(A_c m_{\min}-n)m_{\max}k_f + nk_r]p_n + \\ & (n+1)k_r p_{n+1}\end{aligned} \tag{4.78}$$

其中,k_f 和 k_r 是前向和后向速率常数;$m_{\max}$ 是受体和配体的最大的表面密度。假定受体和配体,一个比另一个多出很多,$p_n(t)$ 可以用一个二项分布来表征[8]:

$$p_n(t)=\binom{A_c m_{\min}}{n}[p(t)]^n[1-p(t)]^{A_c m_{\min}-n} \tag{4.79}$$

其中,$p(t)$ 是形成一个绑定的概率,给定为

$$p(t)=\frac{1-\mathrm{e}^{-kt}}{1+(m_{\max}K_A)^{-1}} \tag{4.80}$$

其中,$K_A=k_f/k_r$ 是平衡缔合常数,$k=m_{\max}k_f+k_r$ 是整体反应速率。

假定相互碰撞的纳米机器在一个平均接触时间 τ_c 内保持相互联系，如果至少 τ 个结合对在接触时间 τ_c 内形成，它们就黏合在一起。因此，相互碰撞的纳米机器黏合在一起的概率，也就是 R_a，被给定为

$$R_a = 1 - \sum_{i=0}^{c-1} p_i(\tau_c) \tag{4.81}$$

注意，在式(4.77)中的碰撞率 R_c 和黏合率 R_a 是相互独立的。因此，将 R_c 和 R_a 相乘，就得到了主动分子通信机制的通信速率。

本章参考文献

[1] Abramowitz M, Stegun IA (eds.) (1964) Handbook of mathematical functions: with formulas, graphs, and mathematical tables, vol. 55. Dover Publications, Newyork.

[2] Alberts B, Bray D, Lewis J, Raff M, Roberts K, Watson J D (1994) Molecular biology of the. cell. Garland, New York.

[3] Astumian RD (2010) Thermodynamics and kinetics of molecular motors. Biophys J. 98(11):2401-2409.

[4] Badoual M, Jülicher F, Prost J (2002) Bidirectional cooperative motion of molecular motors Proc Natl Acad Sci 99(10):6696-6701.

[5] Berg HC (1993) Random walks in biology. Princeton University Press, Princeton.

[6] Berg HC (2004) E. coli in Motion. Springer, Newyork.

[7] Berridge MJ, Lipp P, Bootman MD (2000) The versatility and universality of calcium signalling. Nat Rev Mol Cell Biol 1(1):11-21.

[8] Chesla SE, Selvaraj P, Zhu C (1998) Measuring two-dimensional receptor-ligand binding kinetics by micropipette Biophys J 75(3):1553-1572.

[9] Cobo LC, Akyildiz IF (2010) Bacteria-based communication in nanonetworks. Nano Comm Networks 1(4):244-256.

[10] Codling EA, Plank MJ, Benhamou S (2008) Random walk models in biology. J R Soc Interface 5(25):813-834.

[11] Daw R, Finkelstein J (2006) Lab on a chip. Nature 442(7101):367-

367.

[12] Derrida B (1983) Velocity and diffusion constant of a periodic one-dimensional hopping model J Stat Phys 31(3):433-450.

[13] Eckford AW, Farsad N, Hiyama S, Moritani Y (2010) Microchannel molecular communication with nanoscale carriers: Brownian motion versus active transport. Proceedings of IEEE Conference on Nanotechnology (IEEE-NANO), Boston pp. 854-858.

[14] Farsad N, Eckford AW, Hiyama S, Moritani Y (2012) Information rates of active propagation in microchannel molecular communication. Proceeding of bio-inspired models of network, information, and computing systems. pp. 16-21.

[15] Farsad N, Eckford A, Hiyama S, Moritani Y (2012) On-Chip Molecular Communication: Analysis and Design IEEE Trans NanoBiosci 11 (3):304-314.

[16] Fisher ME, Kolomeisky AB (1999) Molecular motors and the forces they exert. Phys A: Stat. Mech Appl 274(1):241-266.

[17] Fisher ME, Kolomeisky AB (1999) The force exerted by a molecular motor. Proc Natl Acad. Sci 96(12):6597-6602.

[18] Gregori M, Akyildiz IF (2010) A new nanonetwork architecture using flagellated bacteria and catalytic nanomotors IEEE J Sel Areas Comm 28(4):612-619.

[19] Gregori M, Llatser I, Cabellos-Aparicio A, Alarcón E (2011) Physical channel characterization for medium-range nanonetworks using flagellated bacteria. Comput Networks 55(3):779-791.

[20] Guney A, Atakan B, Akan OB (2012) Mobile ad hoc nanonetworks with collision-based molecular communication. IEEE Trans Mobile Comput 11(3):353-366.

[21] Hess H, Vogel V (2001) Molecular shuttles based on motor proteins: active transport in synthetic environments. Rev Mol Biotechnol 82(1): 67-85.

[22] Höfer T (1999) Model of intercellular calcium oscillations in hepatocytes: synchronization of heterogeneous cells. Biophys J 77(3):1244-1256.

[23] Hillen T, Painter KJ (2009) A user's guide to PDE models for chemotaxis. J Math Biol 58(1-2):183-217.

[24] Hiyama S, Inoue T, Shima T, Moritani Y, Suda T, Sutoh K (2008) Autonomous loading, transport, and unloading of specified cargoes by using DNA hybridization and biological motor-based motility. Small 4 (4):410-415.

[25] Hiyama S, Gojo R, Shima T, Takeuchi S, Sutoh K (2009) Biomolecular-motor-based nano- or microscale particle translocations on DNA microarrays. Nano Lett 9(6):2407-2413 178 4 Active Molecular Communication.

[26] Höfer T, Venance L, Giaume C (2002) Control and plasticity of intercellular calcium waves in astrocytes: a modeling approach. J Neurosci 22(12):4850-4859.

[27] Ishijima A, Doi T, Sakurada K, Yanagida T (1991) Sub-piconewton force fluctuations of actomyosin in vitro Nature 352:301-306.

[28] Jülicher F, Ajdari A, Prost J (1997) Modeling molecular motors. Rev Mod Phy 69(4):1269.

[29] Kang M, Othmer H G (2009) Spatiotemporal characteristics of calcium dynamics in astrocytes Chaos: An Interdiscipl J Nonlinear Sci 19 (3):037116-037116.

[30] Keller EF, Segel LA (1970) Initiation of slime mold aggregation viewed as an instability J Theor Biol 26(3):399-415.

[31] Keller EF, Segel LA (1971) Model for chemotaxis. J Theor Biol 30 (2):225-234.

[32] Keller EF, Segel LA (1971) Traveling bands of chemotactic bacteria: a theoretical analysis J Theor Biol 30(2):235-248.

[33] Kolomeisky AB, Fisher ME (2007) Molecular motors: a theorist's

perspective. Annu Rev Phys Chem 58:675-695.

[34] Kolomeisky AB, Widom B (1998) A simplified "ratchet" model of molecular motors. J Stat Phys 93(3-4):633-645.

[35] Kumar NM, Gilula NB (1996) The gap junction communication channel. Cell 84(3):381-388.

[36] Kuran MS, Tugcu T, Ozerman EB (2012) Calcium signaling: Overview and research directions of a molecular communication paradigm. IEEE Wireless Comm 19(5):20-27.

[37] Lipps G (Ed.) (2008) Plasmids: current research and future trends. Horizon Scientific Press,Norwich.

[38] Lipton RJ, Baum EB (eds.) (1996) DNA based computers, vol. 27. American Mathematical Society, Providence.

[39] http://www. nature. com/scitable/topicpage/microtubules-and-filaments-14052932.

[40] McQuarrie DA (1963) Kinetics of small systems I. J Chem Phys 38 (2):433.

[41] Moritani Y, Hiyama S, Suda T (2006) Molecular communication among nanomachines using vesicles. Proceeding of NSTI Nanotechnology Conference.

[42] Morse PM, Feshbach H (1953) Methods of theoretical physics. McGraw-Hill, New York.

[43] Morton KW, Mayers DF, Cullen MJP (1994) Numerical solution of partial differential equations, vol. 2. Cambridge University Press, Cambridge.

[44] Müller MJ, Klumpp S, Lipowsky R (2010) Bidirectional transport by molecular motors: enhanced processivity and response to external forces. Biophys J 98(11):2610-2618.

[45] Nakano T, Suda T, Koujin T, Haraguchi T, Hiraoka Y (2008) Molecular communication through gap junction channels. Transactions on computational systems biology X, Springer,Berlin, pp 81-99.

[46] Nakano T, Moore MJ, Wei F, Vasilakos AV, Shuai J (2012) Molecular communication and networking: Opportunities and challenges. IEEE Trans NanoBioscience 11(2):135-148.

[47] Nelson DL, Lehninger AL, Cox MM (2008) Lehninger principles of biochemistry. Macmillan, London.

[48] Nitta T, Tanahashi A, Hirano M, Hess H (2006) Simulating molecular shuttle movements: towards computer-aided design of nanoscale transport systems. Lab on a Chip 6(7):881-885.

[49] Othmer HG, Dunbar SR, Alt W (1988) Models of dispersal in biological systems. J Math Biol 26(3):263-298.

[50] Patlak CS (1953) Random walk with persistence and external bias. Bull Math Biophys. 15(3):311-338.

[51] Scemes E, Giaume C (2006) Astrocyte calcium waves: what they are and what they do. Glia 54(7):716-725.

[52] Svoboda K, Schmidt CF, Schnapp BJ, Block SM (1993) Direct observation of kinesin stepping by optical trapping interferometry. Nature 365(6448):721-727.

[53] Tawada K, Sekimoto K (1991) A physical model of ATP-induced actin-myosin movement in vitro. Biophys J 59(2):343-356.

[54] Winkelmann D A, Bourdieu L, Ott A, Kinose F, Libchaber A (1995) Flexibility of myosin attachment to surfaces influences F-actin motion. Biophys J 68(6):2444-2453.

[55] Xing J, Wang H, Oster G (2005) From continuum Fokker-Planck models to discrete kinetic models. Biophys J 89(3):1551-1563.

[56] Xing J, Liao JC, Oster G (2005) Making ATP. Proc Natl Acad Sci USA 102(46):16539-16546.

名词索引

G

H

J

Q

R

S

T

W

X

Y

Z